混凝土与组合结构退化梁非线性有限元

向天宇　童育强　著

人民交通出版社股份有限公司
China Communications Press Co.,Ltd.

内 容 提 要

本书介绍了退化梁单元在混凝土结构和组合结构的材料非线性分析、双非线性分析以及收缩徐变效应分析中的应用。内容包括退化梁单元基本理论、材料非线性和几何非线性基本理论、非线性有限元分析求解算法以及徐变效应分析理论等。同时，结合作者多年科研成果，本书给出了应用退化梁单元开展的数个大型实际桥梁的非线性分析算例。

本书可供桥梁工程和结构工程专业相关科研人员和工程技术人员参考使用。

图书在版编目(CIP)数据

混凝土与组合结构退化梁非线性有限元 / 向天宇，童育强著. — 北京 ：人民交通出版社股份有限公司，2014.8

ISBN 978-7-114-11603-2

Ⅰ. ①混… Ⅱ. ①向… ②童… Ⅲ. ①混凝土结构—组合结构—梁—非线性—有限元分析 Ⅳ. ①TU323.3

中国版本图书馆 CIP 数据核字(2014)第 184422 号

书　　名：混凝土与组合结构退化梁非线性有限元
著 作 者：向天宇　童育强
责任编辑：曲　乐　卢俊丽
出版发行：人民交通出版社股份有限公司
地　　址：(100011)北京市朝阳区安定门外外馆斜街 3 号
网　　址：http://www.ccpress.com.cn
销售电话：(010)59757973
总 经 销：人民交通出版社股份有限公司发行部
经　　销：各地新华书店
印　　刷：北京市密东印刷有限公司
开　　本：720 × 960　1/16
印　　张：10
字　　数：167 千
版　　次：2014 年 8 月　第 1 版
印　　次：2014 年 8 月　第 1 次印刷
书　　号：ISBN 978-7-114-11603-2
定　　价：25.00 元
(有印刷、装订质量问题的图书由本公司负责调换)

前　　言

对混凝土结构材料非线性有限元分析的研究始于20世纪60年代，经过大半个世纪的发展，在混凝土结构行为学领域，这一方法已成为与结构试验相辅相成的重要研究手段。通过材料非线性有限元分析，我们能够获得大量结构全过程反应信息，可以从本质上对结构进行深入全面的研究，为结构设计提供更为可靠的依据。

对于绝大多数建筑结构以及桥梁结构，基于梁单元的有限元分析是工程中常用的数值计算手段。为了满足实际工程应用的需要，有必要开展基于梁系单元的混凝土结构的非线性有限元分析研究，本书的工作正是顺应了这一工程实践发展的需求。

本书所讨论的退化梁单元（Degenerated Beam Element）的理论基础是Timoshenko梁理论。所谓退化的概念，是指它的位移插值模式是通过三维空间位移场引入Timoshenko梁平截面假定退化而得到的。在这种单元中，对截面应力非线性的处理是基于把截面划分成若干个小块或者小条，进而独立地描述每一个小块或者小条上的材料非线性行为，即所谓的“纤维”化方法。

本书是作者近十余年应用退化梁单元开展混凝土结构和组合结构非线性有限元分析研究工作的一个总结，全书共分六章。第一章简要介绍了混凝土结构材料非线性有限元分析的技术发展，以及基于梁单元的混凝土结构和组合结构非线性有限元分析的技术特点；第二章为了方便读者理解退化梁单元理论，简要阐述了有限元基本原理；第三章以Timoshenko梁理论为基础，介绍了退化梁单元有限元列式推导过程，讨论了退化梁单元单元刚度矩阵以及结构内力形成中所采用的分片积分技术；第四章探讨了退化梁单元在混凝土结构以及组合结构的材料非线性有限元分析中的应用；第五章讨论了退化梁单元在混凝土结构和组合结构材料和几何双非线性分析中的应用，以及在考虑双非线性行为下的结构压溃分析；第六章介绍了退化梁单元在混凝土和组合结构收缩徐变效应分析中的应用。其中，第一、第五、第六章由西华大学向天宇编写，第二、第三、第四章由中交公路规划设计院有限公司童育强编写，全书由向天宇统稿。

在本书的算例部分，引用了徐腾飞、江科、吴小亮、赵刚云和马坤等人的博士或硕士学位论文的研究成果，在此表示衷心的感谢。与你们一起工作和学习的日子，是作者人生中值得回忆的一段岁月。同时，感谢西南交通大学赵人达教授多年来为本书的研究工作提供的支持与帮助。

本书的编写过程，得到了中交公路规划设计院有限公司和西华大学建筑与土木工程学院领导和同事的大力帮助与支持，在此一并表示感谢。

最后，感谢我们的家人，你们的支持和相伴是我们人生中最珍贵的财富。

由于作者水平所限，谬误之处在所难免，恳请专家和读者批评指正。

向天宇　童育强

2014-6-20

目　录

第1章 绪　　论

1.1 钢筋混凝土结构非线性有限元分析

众所周知,对于绝大多数固体力学问题,一般很难直接获得解析解。寻求这些问题的数值解,是科学工作者和工程技术人员一直致力解决的问题。自20世纪60年代有限元法被正式提出以来,经过不同时期学者的发展,这一方法已成为解决固体力学问题最行之有效的数值方法,被广泛应用于工程结构的设计与分析。尤其是最近30年,由于计算机技术的飞速发展,有限元方法成为了与理论分析和试验研究并列的科学研究和工程设计手段,在结构工程及相关学科的科学研究和工程设计中具有举足轻重的地位。

在土木工程的结构分析中,会涉及大量的非线性问题,这里面主要包括材料非线性问题与几何非线性问题。对于钢筋混凝土结构,材料非线性主要由混凝土的开裂和压溃、钢筋的塑性流动以及钢筋与混凝土之间的黏结滑移等引起,在这些情况下,材料的应力与应变关系不再服从胡克定律。所谓几何非线性,是指结构出现大位移及大转角变形时,应变和位移表现为非比例关系。自有限元法开始应用于工程结构分析之日起,各国学者都在寻求应用有限元法解决工程结构中出现的各种非线性问题的方法。

混凝土结构的材料非线性有限元分析研究始于20世纪60年代。1967年,Ngo和Scordelis把线性有限元方法引入到混凝土结构分析中,同时在开裂路径上预设虚拟弹簧模拟混凝土的开裂过程,开创了混凝土结构非线性有限元分析之先河[1]。1968年,Nilsson将钢筋和混凝土之间的非线性黏结关系和混凝土的非线性应力应变关系引入有限元分析,进一步拓展了这一问题的研究思路[2]。Zienkiewiez领导的有限元研究小组将等参单元用于钢筋和混凝土的组合单元,在提出一个适合于混凝土的屈服准则的同时,建立了基于塑性增量理论的混凝土本构关系模型[3]。1982年,美国土木工程师学会(American Society of Civil Engineers, 简写ASCE)组织编写了《钢筋混凝土有限元分析的技术现状报告》,内容涉及混凝土的本构关系与破坏理论、钢筋模拟、混凝土与钢筋黏结滑移的描述、混凝土的裂缝模型与裂缝面上的剪力传递、混凝土时变效应与非线性动力分析等多方面内容[4]。在20世纪70～80年代,各国学者在混凝土三维本构关系模型、非线性有限元分析技术、裂缝处理等方面开展了大量卓有成效的研究工作,极大地推动了这一领域的研究进展[5]。

钢筋混凝土结构材料非线性有限元分析技术的出现,为钢筋混凝土结构行为的研究提供了一种与结构试验可相辅相成的研究手段。具体来讲,钢筋混凝土结构非线性有限元分析方法具有以下几个方面的技术特点:

(1)进行钢筋混凝土结构非线性有限元分析,可以提供大量结构全过程反应信息,如结构位移、钢筋与混凝土应力和应变的变化、混凝土压溃、钢筋塑性流动、钢筋与混凝土黏结滑移以及结构的破坏荷载等。

(2)可以从本质上对结构进行比较全面的研究,为设计提供更为可靠的依据。

(3)有限元分析可以改进试验研究方法并取代一部分试验,易于对影响结构性能的重要参数做系统的研究。

(4)非线性有限元分析还为传统试验方法难以研究的大型复杂混凝土结构提供了有力的分析研究手段。

必须提及的是,混凝土非线性有限元分析技术的发展,与近30年计算机技术的发展紧密相关。Bentz在2000年用层合梁单元分析了一根预应力T梁(梁高2.03m,翼缘板宽2.49m),对比了不同时代计算机分析这一问题所需要的计算时间,结果如图1-1所示。从图1-1可以看出,从20世纪70年代到21世纪初,计算机的计算能力呈指数速度增长,分析时间由最初的需要数月计算时间缩短到如今只需短短1～2min的计算时间,其时间差异达到了5个数量级[6]。

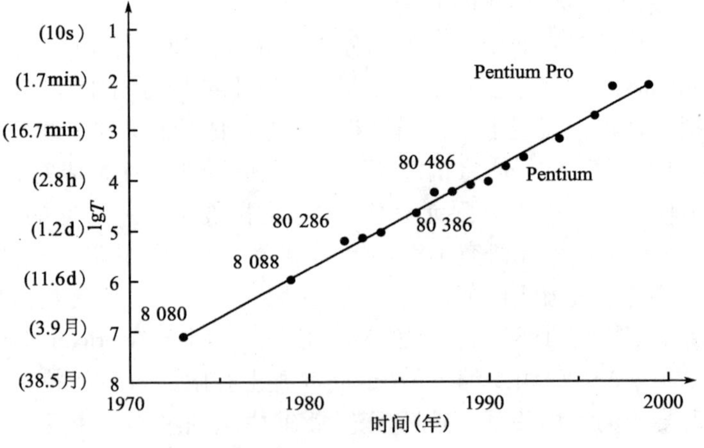

图1-1 不同时代计算机的计算能力

虽然经过各国学者的努力,混凝土结构的材料非线性有限元分析研究取得了长足的进展。但是,必须认识到,由于混凝土材料力学性能的极端复杂性,尤其是对在复杂应力状态下混凝土的本构行为认识还远远不够,因而,对于这一问题的全面解决,还需更多研究工作的深入。这里,仅引用国际上比较有名的3次钢筋混凝土结构非线性有限元分析数值计算竞赛(Prediction Competition)来说明这一问题的复杂性和艰巨性。

1981年,国际桥梁与结构协会(International Association for Bridge and Structural Engineers,简写IABSE)在荷兰Delft的学术会议上,用加拿大多伦多大学所完成的受剪钢筋混凝土板作为竞赛对象,邀请了当时国际上这一领域的顶尖学者参与计算竞赛。这次竞赛是一次完全意义的双盲竞赛,试验结果信息对所有参与学者完全屏蔽,最终收到接近30份计算结果。图1-2给出了这些计算结果与试验结果的对比,可以看出,虽然约有一半的学者较为精确地预测出了板的极限抗剪承载能力。但是,剪应力和剪应变的计算结果在不同学者之间却表现出很大的差异性,鲜有学者较为准确地预测出了加载全过程剪应力—剪应变关系曲线[7]。

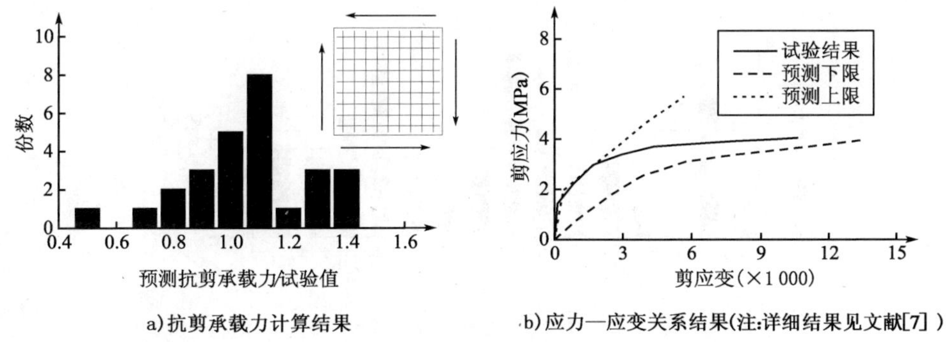

a)抗剪承载力计算结果　　b)应力—应变关系结果(注:详细结果见文献[7])

图1-2 荷兰Delft学术会议数值计算竞赛结果[7]

1995年,日本核能工程公司(Nuclear Power Engineering Corporation of Japan,简写NUPEC)发起了一次数值模拟竞赛,与上次竞赛相比,这次竞赛不再是双盲比赛,参与竞赛的人员对试验结果信息有部分了解。竞赛要求参加者对一大型剪力墙在循环动荷载下的极限承载能力和相应变形进行预测。计算结果汇总如图1-3所示,可以看出,虽然绝大多数计算结果都较好地预测了极限承载能力,但是对极限变形的预测结果依然较差[8]。

随后,美国土木工程师协会(American Society of Civil Engineers,简写ASCE)与美国混凝土协会(American Concrete Institute,简写ACI)的447分委会联合举

行了一次非正式的比赛。这次比赛的计算对象是一批在加州大学圣迭戈分校完成的一批大比例尺钢筋混凝土柱试验。与日本核能工程公司举办的竞赛一样，这次竞赛也非完全意义上的双盲竞赛，计算者对部分试验结果已知。绝大部分结果都较好地反映了钢筋混凝土柱在到达承载能力峰值点前的结构行为，但是，对峰值点后钢筋混凝土柱的软化行为(Softening Behaviors)普遍预测较差[9]。

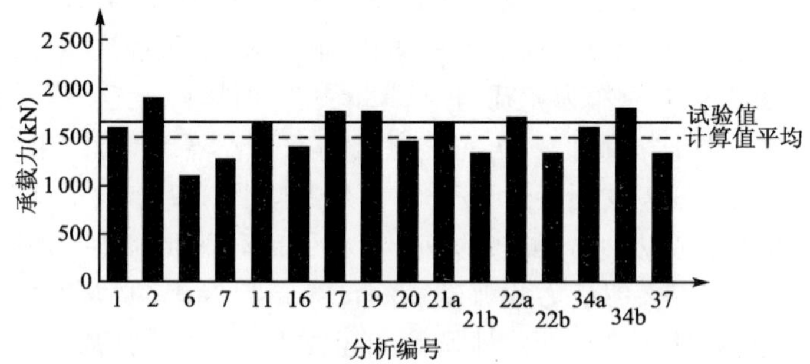

a)极限承载力计算结果

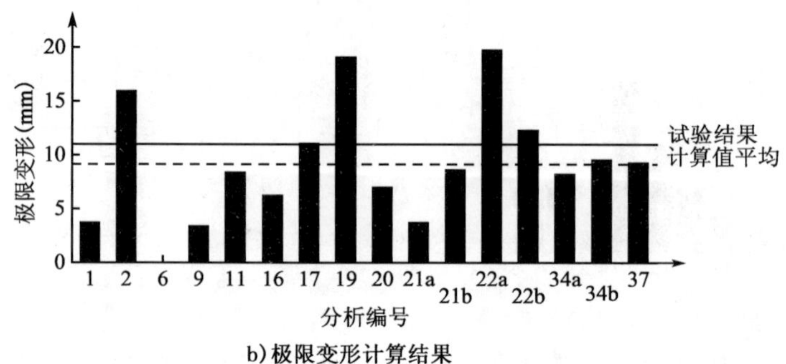

b)极限变形计算结果

图1-3　日本核能工程公司数值计算竞赛结果[8]

1.2　基于梁系单元的钢筋混凝土结构非线性有限元分析

虽然混凝土结构在复杂应力状态下的非线性有限元分析还存在诸多问题亟待解决，但是，实际工程应用中对混凝土结构非线性有限元分析的需求却日益剧增，这种需求很大程度来源于设计观点的不断发展。众所周知，目前结构设计时在内力分析阶段一般采用弹性分析方法，而在截面承载能力分析时又采用了塑性分析手段。分析方法的不统一在一定程度上会导致结构设计过于保守或者偏于不安全。非线性有限元分析能有效地将内力计算和截面分析集成为一个有机的整体,可以为今后的混凝土结构设计提供更为合理的计算分析工具。

对于绝大多数建筑结构和桥梁结构,基于梁单元的有限元分析是工程中常用的数值计算手段。为了满足实际工程应用的需要,世界各国学者就基于梁单元的钢筋混凝土结构非线性分析也开展了大量的研究工作。

相比与采用二维及三维单元的钢筋混凝土结构非线性分析,采用梁单元的混凝土结构材料非线性分析具有如下特点[10, 11]:

(1)工程技术人员习惯于采用梁系单元进行结构的线性有限元分析,采用梁系单元开展钢筋混凝土结构的非线性分析,从概念上易于被工程技术人员所接受。另外,实际工程结构规模庞大且构造复杂,若采用二维及三维单元进行非线性分析,势必导致单元数众多,计算开销急剧增大,很大程度上影响到了在工程应用上的可行性。同时,二维及三维单元对复杂构造位置的非线性行为模拟也存在一定困难。采用梁系单元可以有效规避这些矛盾,在整体层面上对混凝土结构的非线性行为进行分析。

(2)从 IABSE 和 NUPEC 开展的两次数值计算竞赛可以发现,由于对混凝土结构的剪切非线性机理的认识尚不十分明确,相应的非线性分析工作在现阶段仍具有相当大的难度。对于绝大多数建筑工程和桥梁工程中的梁系结构,设计均按照强剪弱弯的准则,剪切破坏一般延后于受弯破坏,结构的非线性主要由轴向正应力引起。因而,采用梁系单元进行混凝土结构非线性分析,一方面,可以抓住事物的主要矛盾;另一方面,与采用二维及三维单元的钢筋混凝土结构非线性分析相比,计算的稳定性也得到了很大的提高。

(3)对于实际混凝土结构施工过程及其他非线性因素的模拟也是工程设计中必须重点考虑的问题。在施工过程中,混凝土结构的结构形式、边界约束、荷载及几何构型往往在不断地变化。因而结构的最终变形形态、应力应变状态与施工方法、施工的环境变化、混凝土收缩徐变的时变效应等都有很大关系。这些诸多因素的耦合作用可以方便高效地用梁系有限元进行模拟。

1.3 组合结构的发展与非线性分析

随着工程技术的发展,在近 30 年来,组合结构作为一种新型的结构形式,越来越受到结构工程师的青睐。组合结构由于集成了钢和混凝土两种材料的优点,表现出较为优良的力学特点。其中,在国内应用较为广泛的组合结构形式主要包括钢管混凝土与钢—混凝土组合梁。

钢管混凝土结构是从螺旋箍筋柱的理念发展而来，即将螺旋箍筋柱中的螺旋箍筋用钢管代替，将混凝土套箍在钢管之中。由于钢管套箍效应的存在，在受压状态下，核心混凝土受三向约束作用，相比普通混凝土，其抗压强度和延性会得到大幅度提高。钢管作为浇筑核心混凝土的模板使用，可以缩短施工工期和节约施工成本。同时，由于核心混凝土的存在，钢管的稳定性得到提高，有效地克服了传统钢结构在稳定问题上的缺陷。基于以上优点，钢管混凝土被广泛应用于高层建筑结构的受压柱与大跨拱结构的修建[12]。

钢—混凝土组合梁是在传统钢筋混凝土结构的基础上，完全取消了梁体受拉区的混凝土，而采用钢材代替。结构由上部钢筋混凝土板（预应力混凝土板）和下部的钢梁组成。混凝土板与钢梁之间采用剪力连接键连接。混凝土板承担压应力，钢梁承担拉应力，以充分发挥材料力学性能。与普通钢筋混凝土比，组合梁具有可以减轻结构自重、减小构件尺寸、节省模板等优点[13]。

虽然组合结构在力学特性方面兼有钢和混凝土两种材料的优点，对其结构行为尤其是非线性结构行为的认识，依然需要重点考量混凝土材料的非线性行为。同时，组合结构在结构特点上是两种不同材料的“组合”，在结构非线性分析中对“组合”特点的分析，是组合结构非线性分析与传统混凝土结构非线性分析的最大区别。具体而言，这些独有特点表现为：

（1）在钢管混凝土结构中，由于套箍效应的存在，在轴压状态及小偏心受压状态下，会提高管内混凝土的极限压应变与最大压应力，同时钢材处于多向受力状态。因此，钢管混凝土结构非线性分析中混凝土与钢材的应力应变关系均应相对于传统混凝土结构有所调整。

（2）钢—混凝土组合梁与传统的钢筋混凝土结构不同，钢与混凝土的连接采用剪力连接键。故在非线性分析中，应考虑剪力连接键本身性能的影响，由此分析混凝土板与钢梁两者如何协同工作以及相对滑移等问题。

1.4 本书的主要内容

本书重点讨论基于退化梁单元的混凝土结构以及组合结构非线性有限元分析问题，全书共分 6 章。

第 1 章简要回顾了混凝土结构非线性有限元分析的发展历史，介绍了基于梁系单元的钢筋混凝土结构非线性分析的特点，对组合结构的非线性分析问题也进行了讨论。

第 2 章简要介绍了有限元的基本理论，重点讨论了有限元计算的实施方法以及等参单元的基本思想。这些内容是了解和掌握退化梁单元理论所必需的基础知识。

第 3 章根据铁木辛柯（Timoshenko）梁理论，推导退化梁单元有限元列式，同时对刚度矩阵和单元内力计算的数值积分问题进行了讨论。

第 4 章讨论了普通混凝土以及受钢管约束核心混凝土的应力—应变关系模型，对非线性有限元分析方法中的牛顿—拉斐逊迭代方法进行了介绍。通过大量数值算例，探讨了退化梁单元在钢筋混凝土结构以及组合结构的材料非线性有限元分析中的应用。

第 5 章讨论了退化梁单元在混凝土和组合结构材料和几何双非线性分析中的应用。建立了基于修正的拉格朗日（Updated Lagrange，U. L.）描述的退化梁单元的几何非线性有限元分析列式。同时对结构全过程非线性有限元分析的弧长法进行了详细的介绍。

第 6 章讨论了退化梁单元在混凝土和组合结构收缩徐变效应分析中的应用。介绍了目前国际上主流的混凝土收缩徐变模型以及徐变效应分析的基本算法。通过算例分析，讨论了退化梁单元在混凝土结构以及组合结构长期效应分析中的应用。

本章参考文献

[1] D Ngo, A C Scordelis. Finite Element Analysis of Reinforced Concrete Beams [J]. ACI Journal, 1967, 64(3):152-163.

[2] A H Nilsson. Nonlinear Analysis of Reinforced Concrete by Finite Element Method[J]. ACI Journal, 1968, 65(9).

[3] O C Zienkiewiez. The Finite Element Method in Engineering Science[M]. 3rd Ed New York: Mc Draw-Hill Inc, 1977.

[4] ASCE Committee on Concrete and Masonry Structures, Task Committee on Finite Element Analysis of Reinforced Concrete Structures. A State-of-Art Report on Finite Element Analysis of Reinforced Concrete Structures[R]. ASCE Spec. Pub. 1982.

[5] A C Scordelis. Past, present and future development finite element analysis of reinforced concrete structures[J]. ASCE, 1986.

[6] E C Bentz. Presentation at ACI annual convention[C]. Toronto, Oct, 2000.

[7] M P Collins, F J Vecchio, G Mehlhorn. An international competition to predict

the response of reinforced concrete panel[J]. Canadian Journal of Civil Engineering, 1985, 12(3): 624-644.

[8] Nuclear Power Engineering Corporation (NUPEC). Comparison report, seismic shear wall ISP, NUPEC's seismic ultimate dynamic response test[R]. 1996, Report No: NU-SSWISP-D014.

[9] F J Vecchio. Non-linear finite element analysis of reinforced concrete: at the crossroads[J]. Structural Concrete, 2001, 2(4): 201-212.

[10] Tianyu Xiang, Yuqiang Tong, Renda Zhao. A general and versatile nonlinear analysis program for concrete bridge structure[J]. Advances in Engineering Software, 2005, V(36):681-690.

[11] 童育强.混凝土结构非线性有限元分析及软件设计[D].成都:西南交通大学,2004.

[12] 韩林海.钢管混凝土结构——理论与实践[M].北京:科学出版社,2007.

[13] 聂建国.钢—混凝土组合结构原理与实例[M].北京:科学出版社,2009.

第2章　有限元法基本理论

2.1　有限元法基本思想

有限元方法是一种求解连续场问题的数值方法,这里讲的连续场,可以是固体场、流体场、温度场以及电磁场等。在本章中,主要讨论有限元法在结构工程中的应用,因而,本章仅结合弹性力学理论介绍有限元法的基本思想。

有限元法这个名称由1960年美国克拉夫(Clough)在《平面应力分析的有限单元法》中首次提出。事实上,这一方法的渊源可以追溯到更远。从数学的角度看,有限元法是偏微分方程定解问题数值分析方法的一种新发展;从力学学科的角度看,有限元方法是基于变分原理(如里兹法等)的力学问题的近似解法的革新与发展;从结构工程上说,有限元法是结构力学矩阵位移法在连续介质力学中的深入应用。事实上,在历史发展的不同时期,上述各个学科都为有限元法的创立与发展做出了重要的贡献[1]。

与结构力学对结构求解方法的分类类似,有限元法也有相应的分类方法。以位移为基本未知量的求解方法称为位移法;而以力为基本未知量的求解方法称为力法;一部分以位移为基本未知量,而另一部分以力为基本未知量的求解方法称为混合法。相对而言,位移法思路清晰,方法简便,是目前工程结构领域应用最为广泛的方法。因而,本章主要讨论有限元法中的位移法的基本原理。

有限元法求解的第一步工作是对求解区域进行网格离散化,即把一个无限多个自由度的连续问题转化为一个具有有限多个自由度的离散问题,这就是所谓的网格划分。其次,选择合理的位移插值模式,用单元节点位移描述单元内任意点的位移。在一般情况下,不同单元进行独立的位移插值,把所有单元的位移插值场组合即可得到求解区域的位移场模式,这就是所谓的分片插值模式。随后,从单个单元入手,应用一定的数学和力学手段,如变分法等,建立单元方程。在位移法中,这一单元方程反映了单元节点力与节点位移的相互关系,一般用矩阵形式表示,因而习惯称为单元刚度矩阵。然后,把所有单元的刚度矩阵集成起来,得到求解问题的整体刚度矩阵,进而建立其整体结构的节点力与节点位移的相互关系。在此基础上,引入边界条件即可进行求解。解得节点位移后,根据几何方程和物理方程可得到各单元的应变、应力以及内力等物理响应量的结果。

与在计算力学发展早期出现的一些计算方法(如 Rayleigh-Ritz 法)相比,有限元法最大的特点也是其优点体现在位移插值函数(或者称为"试函数")的选取上。在 Rayleigh-Ritz 法中,是在所求解的整个区域上选取统一的"试函数",然后根据最小势能原理,求解"试函数"中的待定系数。显然,在整个求解区域上选取的统一"试函数",必须满足整个区域的边界条件。这一要求,在绝大多数情况下是十分困难的,甚至是根本无法实现的。但是,在有限元法中,位移插值函数(试函数)不是定义在整个求解区域的,而是在每个独立单元中分片独立选取的。因而,这样一种位移插值模式,在满足一定的单元间的位移协调条件的同时,能简单方便地适应各种位移边界条件要求。这一革命性思想,不但简化了问题求解,同时可以通过若干形状简单的单元集合起来表示非常复杂的几何形状,极大地拓宽了有限元法的应用范围。可以毫不夸张地讲,有限元法目前已渗透到工程结构的任何领域,成为了不可或缺的设计分析工具。

近年来,随着现代信息技术的飞速发展,个人计算机处理能力的迅猛提高,极大地推动了有限元法在工程实践中的应用,使得有限元法有被认为是一种完美无缺和无所不能方法的趋势。同时,商业有限元软件的发展和普及,有限元软件人机交互日趋便捷,使得工程应用人员逐渐习惯将有限元法作为一个普通的软件黑箱来使用。必须指出的是,这种认识上的"软件黑箱"趋势,对于工程应用,是有相当风险的。尽管计算机可以代替人工完成非常繁复以至于人力无法完成的巨大线性方程组的求解和前后数据处理等工作,但是一个有限元分析的成功前提,不仅仅是依靠熟练的软件操作能力,更重要的是软件使用者能够正确地建立有限元模型,而如何建立正确的有限元模型,必须依靠对求解问题力学和结构本质的正确认识和对有限元基本理论的正确理解[2]。

在本章中,首先将讨论建立有限元刚度矩阵的变分法中常用的最小势能原理;其次,将讨论有限元法的基本求解过程;最后,为了方便读者理解后续章节中重点讨论的退化梁单元,将对 Euler-Bernoulli 平面梁单元和平面四节点等参数单元的刚度矩阵推导过程进行介绍。

2.2 最小势能原理

在有限元法中,建立单元方程的方法大致可以分为三种:一是直接法,这种方法最典型的例子即为结构力学中矩阵位移法中用到的直接刚度法。这种方法的优点是简单直观,无需过多的数学运算。但碰到复杂问题时,一般难以直接获得单元方程的解析结果。二是变分法,这种方法具有坚实的数学理论基础,具有最广泛的普遍适用性,是目前有限元理论中应用最为广泛的方法。三是加权残数法,该方法出发点为求解问题的控制微分方程而非能量泛函和变分原理,因而,该方法可以把有限元法扩展到一时无法找到能量泛函或者能量泛函根本不存在的情况。

在结构工程领域,变分法是最为常用的单元方程建立方法,其中,应用较为广泛的变分原理包括最小势能原理、最小余能原理和雷斯纳原理。通过最小势能原理可以导出位移法中的单元刚度矩阵,通过最小余能原理可以导出力法中的单元柔度矩阵,而雷斯纳原理主要在混合法中应用[1]。

本节对目前应用最为广泛的最小势能原理进行简单介绍。在推导过程中,为了方便理解,对一些需要更高深数学知识的地方,不追求数学表达和论证的严谨性,对数学符号的表达作了适当简化。

最小势能原理可以表述为:在所有满足几何边界条件的位移模式中,使系统势能最小的位移模式,即为能满足平衡条件的真实位移模式。

对于连续弹性固体介质,系统势能可以表示为

$$\Pi = U - W \tag{2-1}$$

式中:U——系统变形能;

W——外荷载所做的功。

U、W 分别可以表示为

$$U = \frac{1}{2}\int_V \boldsymbol{\sigma}^{\mathrm{T}}\boldsymbol{\varepsilon}\,\mathrm{d}V \tag{2-2}$$

$$W = \int_V \boldsymbol{f}^{\mathrm{T}}\boldsymbol{u}\,\mathrm{d}V \tag{2-3}$$

式中:$\boldsymbol{\sigma}$、$\boldsymbol{\varepsilon}$ 和 $\boldsymbol{u}$——系统内任一点的应力、应变以及位移矢量;

$\boldsymbol{f}$——外荷载矢量(此处为了理解方便,采用了矢量描述方式);

V——求解问题积分域。

将式(2-2)和式(2-3)代入式(2-1),得

$$\Pi = \frac{1}{2}\int_V \boldsymbol{\sigma}^{\mathrm{T}}\boldsymbol{\varepsilon}\,\mathrm{d}V - \int_V \boldsymbol{f}^{\mathrm{T}}\boldsymbol{u}\,\mathrm{d}V \tag{2-4}$$

考虑

$$\boldsymbol{\sigma} = \boldsymbol{D}\boldsymbol{\varepsilon} \tag{2-5}$$

式中:$\boldsymbol{D}$——描述应力—应变关系的物理矩阵。

将式(2-5)代入式(2-4),得

$$\Pi = \frac{1}{2}\int_V \boldsymbol{\varepsilon}^{\mathrm{T}}\boldsymbol{D}\boldsymbol{\varepsilon}\mathrm{d}V - \int_V \boldsymbol{f}^{\mathrm{T}}\boldsymbol{u}\mathrm{d}V \tag{2-6}$$

考虑几何关系

$$\boldsymbol{\varepsilon} = \boldsymbol{B}'\boldsymbol{u} \tag{2-7}$$

式中:$\boldsymbol{B}'$——描述应变—位移关系的几何矩阵。

将式(2-7)代入式(2-6),得

$$\Pi = \frac{1}{2}\int_V \boldsymbol{u}^{\mathrm{T}}\boldsymbol{B}'^{\mathrm{T}}\boldsymbol{D}\boldsymbol{B}'\boldsymbol{u}\mathrm{d}V - \int_V \boldsymbol{f}^{\mathrm{T}}\boldsymbol{u}\mathrm{d}V \tag{2-8}$$

应用位移插值模式,把连续的位移场 $\boldsymbol{u}$ 离散成为有限个节点的节点位移$\boldsymbol{u}_n$。

$$\boldsymbol{u} = \boldsymbol{N}\boldsymbol{u}_n \tag{2-9}$$

式中:$\boldsymbol{N}$——位移插值函数。

把式(2-9)代入式(2-8),得

$$\begin{aligned}\Pi &= \frac{1}{2}\int_V \boldsymbol{u}_n^{\mathrm{T}}\boldsymbol{N}^{\mathrm{T}}\boldsymbol{B}'^{\mathrm{T}}\boldsymbol{D}\boldsymbol{B}'\boldsymbol{N}\boldsymbol{u}_n\mathrm{d}V - \int_V \boldsymbol{f}^{\mathrm{T}}\boldsymbol{N}\boldsymbol{u}_n\mathrm{d}V \\ &= \frac{1}{2}\int_V \boldsymbol{u}_n^{\mathrm{T}}\boldsymbol{B}^{\mathrm{T}}\boldsymbol{D}\boldsymbol{B}\boldsymbol{u}_n\mathrm{d}V - \int_V \boldsymbol{f}^{\mathrm{T}}\boldsymbol{N}\boldsymbol{u}_n\mathrm{d}V\end{aligned} \tag{2-10}$$

其中

$$\boldsymbol{B} = \boldsymbol{B}'\boldsymbol{N} \tag{2-11}$$

为了达到最小势能状态,则系统势能 Π 对节点位移$\boldsymbol{u}_n$ 的变分需等于0(此处为了方便理解,未追求数学表述上的严谨性),这一结论记为

$$\frac{\chi\Pi}{\chi\boldsymbol{u}_n} = 0 \tag{2-12}$$

将式(2-10)代入式(2-12),得

$$\frac{\chi\Pi}{\chi\boldsymbol{u}_n} = \int_V \boldsymbol{B}^{\mathrm{T}}\boldsymbol{D}\boldsymbol{B}\mathrm{d}V\cdot\boldsymbol{u}_n - \int_V \boldsymbol{N}^{\mathrm{T}}\boldsymbol{f}\mathrm{d}V = 0 \tag{2-13}$$

考虑到有限元法的分片插值特性,则在独立的一个单元内,上式可以写为

$$\int_{V_e} \boldsymbol{B}^{\mathrm{T}}\boldsymbol{D}\boldsymbol{B}\mathrm{d}V\cdot\boldsymbol{u}_n = \int_{V_e} \boldsymbol{N}^{\mathrm{T}}\boldsymbol{f}\mathrm{d}V \tag{2-14}$$

式中:V_e——单元积分域。

记

$$\boldsymbol{K}_e = \int_{V_e} \boldsymbol{B}^{\mathrm{T}}\boldsymbol{D}\boldsymbol{B}\mathrm{d}V \tag{2-15}$$

$$\boldsymbol{f}_e = \int_{V_e} \boldsymbol{N}^{\mathrm{T}}\boldsymbol{f}\mathrm{d}V \tag{2-16}$$

式中：$\boldsymbol{K}_e$ 和$\boldsymbol{f}_e$——单元刚度矩阵和单元等效节点力矢量。

求得所有单元刚度矩阵和等效节点力矢量后，将其集成，即可得到整体刚度矩阵和整体节点力矢量。

2.3　有限元分析基本过程

一般而言，一个完整的结构有限元分析都包含了以下几个主要步骤：网格离散化、位移插值、形成单元刚度矩阵和单元等效节点力矢量、形成整体刚度矩阵和整体节点力矢量、求解基本方程得到节点位移以及由节点位移求解应变和应力等结果。了解这些计算过程的基本原理，对于正确使用有限元软件有着重要的意义。

(1)网格离散化。从数学上讲，网格离散化的目的就是把连续的微分方程组转化为离散的代数方程组来求解。通过离散化，将连续结构体划分成若干个有限的单元，为保证连续性，单元之间用指定的节点连接，构成单元的集合体，用于近似模拟原来的结构。为了使离散的有限元模型有效地逼近实际的连续体，在划分单元网格时，就需要合理考虑选择单元的形状和划分网格方案，确定单元的节点数目、位置及自由度等问题。

(2)位移插值。如前所述，有限元法将一个连续域划分成若干个单元之后，单元之间用节点连接，节点的位移是待求未知量。而单元内的位移场则必须通过节点位移来描述，这种描述方式被称为位移插值函数，如式(2-9)所示。

(3)形成单元刚度矩阵和单元等效节点力矢量。选定单元类型、位移插值模式，在完成网格离散化之后，单元的形态就完全确定。可按照本章第2.2节中介绍的变分原理建立单元刚度矩阵以及得到单元等效节点力矢量，即

$$\boldsymbol{K}_e \boldsymbol{u}_e = \boldsymbol{f}_e \tag{2-17}$$

(4)形成整体刚度矩阵和整体节点力矢量。有限元法的分析思路是先分后合，即先进行单元分析，建立单元刚度矩阵之后，再把所有单元刚度矩阵集成，得到整体刚度矩阵，再进行整体分析。集成所遵循的基本原则是各相邻单元的共同节点具有相同的位移，即所谓的对号入座的办法。即

$$\boldsymbol{K} = \sum_e \boldsymbol{K}_e \tag{2-18}$$

$$\boldsymbol{f} = \sum_e \boldsymbol{f}_e \tag{2-19}$$

$$\boldsymbol{K}\boldsymbol{u} = \boldsymbol{f} \tag{2-20}$$

集成后的整体刚度矩阵有如下性质：

①整体刚度矩阵 $\boldsymbol{K}$ 的主对角元 k_{ii} 均为正值。

②整体刚度矩阵 $\boldsymbol{K}$ 为一对称矩阵，即 $k_{ij}=k_{ji}$。

③整体刚度矩阵 $\boldsymbol{K}$ 是一带状稀疏矩阵。由于每个节点周围只有少数相关单元和相关节点，而整体刚度矩阵 $\boldsymbol{K}$ 中只有相关节点对应的行和列上才有非零元素。由于大量节点互不相关，所以整体刚度矩阵 $\boldsymbol{K}$ 是一稀疏矩阵。同时，在节点编号时，相关节点的编号比较接近时，则非零元素主要集中在主对角线附近，呈带状分布。如果在节点编号时，相关节点编号差距过大，整体刚度矩阵的带状性就会破坏，进而导致矩阵存储量和线性方程组求解工作量的增加（在大结构分析时，这一矛盾会异常突出）。出现这种情况，就需要进行节点编号优化工作，使得相关节点编号差距尽量减小。目前，绝大部分商业软件都具有了自动节点编号优化的功能。

④整体刚度矩阵 $\boldsymbol{K}$ 是一奇异矩阵。也就是说，在未引入位移边界条件之前，式(2-20)是静不定的。

(5)求解基本方程得到节点位移。如上一步所言，整体刚度矩阵 $\boldsymbol{K}$ 是一奇异矩阵。因而，在求解式(2-20)之前，需要引入位移边界条件以消除整体刚度矩阵 $\boldsymbol{K}$ 的奇异性。引入位移边界条件常用的方法有“置大数法”和“划行划列法”。

①“置大数法”是最简单的约束处理方法。设根据边界条件，某节点在某个自由度上的位移为 $u_i=u_i^*$（当此位移被约束时，$u_i^*=0$）。则只需要在 u_i 所在的行中，将整体刚度矩阵的主对角元 k_{ii} 置换成一个比其他元素大出若干个数量级的大数 Δ，比如大数可取浮点数的上限10^{30}，同时对应的荷载矢量位置替换成 $\Delta\cdot u_i^*$，即

$$\begin{bmatrix} k_{11} & k_{12} & \cdots & k_{1i} & \cdots & k_{1n} \\ k_{21} & k_{22} & \cdots & k_{2i} & \cdots & k_{2n} \\ \cdots & \cdots & \cdots & \cdots & \cdots & \cdots \\ k_{i1} & k_{i2} & \cdots & \Delta & \cdots & k_{in} \\ \cdots & \cdots & \cdots & \cdots & \cdots & \cdots \\ k_{n1} & k_{n2} & \cdots & k_{ni} & \cdots & k_{nn} \end{bmatrix} \begin{bmatrix} u_1 \\ u_2 \\ \vdots \\ u_i \\ \vdots \\ u_n \end{bmatrix} = \begin{bmatrix} f_1 \\ f_2 \\ \vdots \\ \Delta\cdot u_i^* \\ \vdots \\ f_n \end{bmatrix} \tag{2-21}$$

显然，将上式的第 i 个方程展开得

$$k_{i1}\cdot u_1+k_{i2}\cdot u_2+\cdots+\Delta\cdot u_i+\cdots+k_{in}\cdot u_n=\Delta\cdot u_i^* \tag{2-22}$$

将上式两端分别除以 Δ，由于 $\Delta\gg k_{ij}(i\neq j)$，所以，可得

$$u_i\approx u_i^* \tag{2-23}$$

“置大数法”是处理边界约束的近似方法，当这个数足够大的时候，不影响计算精度。这一方法的优点是处理简单快速，尤其是采用一维变带宽存储整体刚度矩阵时，不需要过多的矩阵运算，即可完成边界条件引入。

②“划行划列法”是另一种常用的处理位移边界条件的方法。我们仍以某节点在某个自由度上的位移为 $u_i = u_i^*$ 为例来说明“划行划列法”的计算原理。经过“划行划列”处理后的基本方程可以写为

$$\begin{bmatrix} k_{11} & k_{12} & \cdots & 0 & \cdots & k_{1n} \\ k_{21} & k_{22} & \cdots & 0 & \cdots & k_{2n} \\ \cdots & \cdots & \cdots & \cdots & \cdots & \cdots \\ 0 & 0 & \cdots & 1 & \cdots & 0 \\ \cdots & \cdots & \cdots & \cdots & \cdots & \cdots \\ k_{n1} & k_{n2} & \cdots & 0 & \cdots & k_{nn} \end{bmatrix} \begin{bmatrix} u_1 \\ u_2 \\ \vdots \\ u_i \\ \vdots \\ u_n \end{bmatrix} = \begin{bmatrix} f_1 - k_{1i} \cdot u_i^* \\ f_2 - k_{2i} \cdot u_i^* \\ \vdots \\ u_i^* \\ \vdots \\ f_n - k_{ni} \cdot u_i^* \end{bmatrix} \tag{2-24}$$

显然，“划行划列”处理方法可以归纳为如下三步：

a. 将已知自由度位移 u_i^* 乘以该自由度对应列之各行元素 k_{ji} 后，变号叠加到荷载矢量上。

b. 在总体刚度矩阵中，将 k_{ii} 设为 1，而所有 k_{ji} 和 $k_{ij}(i \neq j)$ 全部设为 0，这也就是所谓“划行划列”的含义。

c. 荷载矢量的第 i 行元素设为已知位移 u_i^*。

通过上述方法引入位移边界条件后，整体刚度矩阵 $\boldsymbol{K}$ 的奇异性即被消除，采用一般的线性方程组求解方法，求解式(2-20)，即可得到节点位移结果 $\boldsymbol{u}$。

(6) 由节点位移求解应变和应力等结果。求出节点位移后，根据需要，利用几何方程和物理方程，即可求得应变、应力以及内力等结构响应结果。

2.4　Euler-Bernoulli 平面梁单元

如第 2.2 节所述，根据最小势能变分原理，单元刚度矩阵可以写为

$$\boldsymbol{K}_e = \int_{V_e} \boldsymbol{B}^T \boldsymbol{D} \boldsymbol{B} \mathrm{d}V \tag{2-25}$$

也即是说，只要推导出几何矩阵 $\boldsymbol{B}$ 和物理矩阵 $\boldsymbol{D}$，应用上式就可以得到单元刚度矩阵$\boldsymbol{K}_e$。在本节中，将应用这一原理，推导 Euler-Bernoulli 平面梁单元的单元刚度矩阵。

为了说明问题的简便起见，本节只讨论如图 2-1 所示的在单元局部坐标系

下的梁单元的平面弯曲的刚度矩阵推导问题，对于整体坐标系下的刚度矩阵，由局部坐标系下的刚度矩阵通过简单的坐标变换即可获得。设单元的左右节点分别为 i 和 j，其节点竖向变形分别为 v_i 和 v_j，转角分别为 θ_i 和 θ_j（转角的正负定义服从右手螺旋法则）。应用艾尔米特插值公式，单元内任意一点的竖向位移可以写为

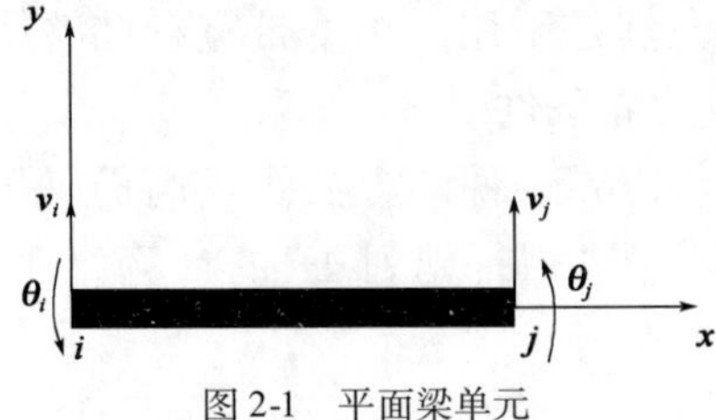

图 2-1 平面梁单元

$$v=\left[\left(1+\frac{2x}{L}\right)\left(\frac{x-L}{L}\right)^2 \quad x\left(\frac{x-L}{L}\right)^2 \quad \left(1-2\frac{x-L}{L}\right)\left(\frac{x}{L}\right)^2 \quad (x-L)\left(\frac{x}{L}\right)^2\right]\begin{bmatrix} v_i \\ \theta_i \\ v_j \\ \theta_j \end{bmatrix} \tag{2-26}$$

式中：L——单元长度。

由艾尔米特插值的特性，不难得出，式(2-26)满足如下变形协调条件

$$\left.\begin{aligned} v\big|_{x=0} &= v_i \\ v\big|_{x=L} &= v_j \\ \frac{\mathrm{d}v}{\mathrm{d}x}\bigg|_{x=0} &= \theta_i \\ \frac{\mathrm{d}v}{\mathrm{d}x}\bigg|_{x=L} &= \theta_j \end{aligned}\right\} \tag{2-27}$$

为了方便推导，定义

$$\xi=\frac{x}{L} \tag{2-28}$$

则式(2-26)可以写为

$$v=\left[(1+2\xi)(\xi-1)^2 \quad L\cdot\xi(\xi-1)^2 \quad (3-2\xi)\xi^2 \quad L\cdot(\xi-1)\xi^2\right]\begin{bmatrix} v_i \\ \theta_i \\ v_j \\ \theta_j \end{bmatrix} \tag{2-29}$$

由 Euler-Bernoulli 梁的变形特点可知，对式(2-29)所示的位移求两次导数得到截面变形曲率，即

$$\chi = \frac{\mathrm{d}^2 v}{\mathrm{d}x^2} = \frac{1}{L^2}\frac{\mathrm{d}^2 v}{\mathrm{d}\xi^2}$$

$$= \left[\frac{12\xi - 6}{L^2} \quad \frac{6\xi - 4}{L} \quad -\frac{12\xi - 6}{L^2} \quad \frac{6\xi - 2}{L}\right]\begin{bmatrix} v_i \\ \theta_i \\ v_j \\ \theta_j \end{bmatrix} \tag{2-30}$$

记

$$\boldsymbol{B} = \left[\frac{12\xi - 6}{L^2} \quad \frac{6\xi - 4}{L} \quad -\frac{12\xi - 6}{L^2} \quad \frac{6\xi - 2}{L}\right] \tag{2-31}$$

$$\boldsymbol{u}_{\mathrm{e}} = [v_i \quad \theta_i \quad v_j \quad \theta_j]^{\mathrm{T}} \tag{2-32}$$

则式(2-30)可表示为

$$\chi = \boldsymbol{B}\,\boldsymbol{u}_{\mathrm{e}} \tag{2-33}$$

根据 Euler-Bernoulli 梁的弯矩—曲率关系，得

$$M = EI \cdot \chi \tag{2-34}$$

式中：EI——截面抗弯刚度，则可记物理矩阵 $\boldsymbol{D} = EI$，代入上式并考虑式(2-33)可得

$$M = \boldsymbol{D}\boldsymbol{B}\,\boldsymbol{u}_{\mathrm{e}} \tag{2-35}$$

根据式(2-25)，Euler-Bernoulli 平面梁单元在局部坐标系下的单元刚度矩阵为

$$\boldsymbol{K}_{\mathrm{e}} = \int_0^L \boldsymbol{B}^{\mathrm{T}}\boldsymbol{D}\boldsymbol{B}\,\mathrm{d}x$$

$$= EI \cdot L \cdot \int_0^1 \begin{bmatrix} \frac{12\xi - 6}{L^2} \\ \frac{6\xi - 4}{L} \\ -\frac{12\xi - 6}{L^2} \\ \frac{6\xi - 2}{L} \end{bmatrix} \left[\frac{12\xi - 6}{L^2} \quad \frac{6\xi - 4}{L} \quad -\frac{12\xi - 6}{L^2} \quad \frac{6\xi - 2}{L}\right]\mathrm{d}\xi \tag{2-36}$$

对上式逐项积分，得到刚度矩阵的最终表达式为

$$
\boldsymbol{K}_{\mathrm{e}} = \begin{bmatrix} \frac{12EI}{L^3} & \frac{6EI}{L^2} & -\frac{12EI}{L^3} & \frac{6EI}{L^2} \\ \frac{6EI}{L^2} & \frac{4EI}{L} & -\frac{6EI}{L^2} & \frac{2EI}{L} \\ -\frac{12EI}{L^3} & -\frac{6EI}{L^2} & \frac{12EI}{L^3} & -\frac{6EI}{L^2} \\ \frac{6EI}{L^2} & \frac{2EI}{L} & -\frac{6EI}{L^2} & \frac{4EI}{L} \end{bmatrix} \tag{2-37}
$$

式(2-37)与结构力学的矩阵位移法中由直接法得到的局部坐标系下的单元刚度矩阵完全一样。

2.5 平面四节点等参数单元

等参数单元是固体力学有限元分析中最常用的单元类型,具有分析精度高、适应范围宽等优点。所谓“等参数”,是指在这种单元中,位移插值和坐标插值采用同一形函数。本节中将详细讨论平面四节点等参数单元的单元刚度矩阵推导过程。

如图 2-2a)所示,在整体坐标系 xoy 中有一任意四边形单元 $ijpm$。在四边形单元的形心处,设立自然坐标系 $ro's$,它使实际单元 $ijpm$ 在该坐标系中被映射为一标准正方形 1234,如图 2-2b)所示。我们把自然坐标系 $ro's$ 中的单元 1234 称为母单元或基本单元,实际单元 $ijpm$ 则被看成由母单元 1234“畸变”而成的等参数单元。

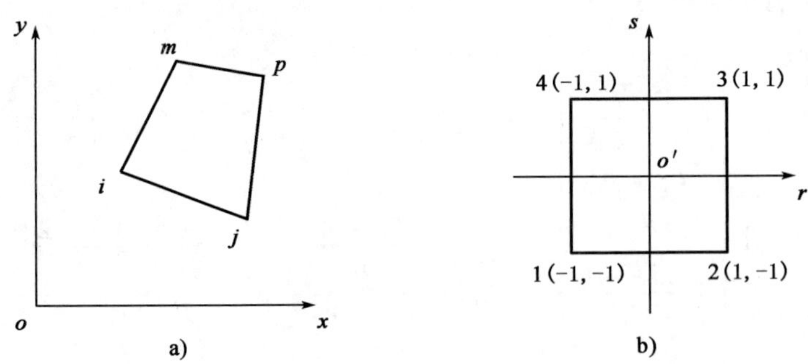

图 2-2 平面四节点等参数单元

首先,为了把母单元 1234 映射成任意单元 $ijpm$,需要建立坐标插值函数

$$\begin{cases} x = N_1(r,s)\cdot x_1 + N_2(r,s)\cdot x_2 + N_3(r,s)\cdot x_3 + N_4(r,s)\cdot x_4 = \sum_{i=1}^{4} N_i(r,s)\cdot x_i \\ y = N_1(r,s)\cdot y_1 + N_2(r,s)\cdot y_2 + N_3(r,s)\cdot y_3 + N_4(r,s)\cdot y_4 = \sum_{i=1}^{4} N_i(r,s)\cdot y_i \end{cases} \tag{2-38}$$

其中

$$N_i(r,s) = \frac{1}{4}(1 + r_i r)(1 + s_i s) \tag{2-39}$$

式中：$N_i(r,s)$——形函数，它是自然坐标 r 和 s 的函数；

(r_i, s_i)——节点 $i(i=1\sim4)$ 在自然坐标系下的坐标。

显然，形函数具有如下两个特点：

(1) $N_i(r,s)$ 在节点 i 上取值为 1，其他节点上取值为 0。

(2) 在一个单元内任意一点，形函数之和为 1，即 $\sum_{i=1}^{4} N_i = 1$。

在式(2-38)中，用形函数表示两种坐标系下的坐标转换关系，该转换方法满足几何相容条件，即由母单元畸变得到的实际单元之间无缝隙无重叠。

如前所述，等参数单元的实质在于“位移插值和坐标插值采用同一形函数”。也就是说，类似式(2-38)，图 2-2 所示的四节点平面单元的位移插值模式可以写为

$$\begin{cases} u = N_1(r,s)\cdot u_1 + N_2(r,s)\cdot u_2 + N_3(r,s)\cdot u_3 + N_4(r,s)\cdot u_4 = \sum_{i=1}^{4} N_i(r,s)\cdot u_i \\ v = N_1(r,s)\cdot v_1 + N_2(r,s)\cdot v_2 + N_3(r,s)\cdot v_3 + N_4(r,s)\cdot v_4 = \sum_{i=1}^{4} N_i(r,s)\cdot v_i \end{cases} \tag{2-40}$$

式中：(u_i, v_i)——节点 $i(i=1\sim4)$ 处的位移矢量。

为了推导方便，式(2-40)可写成如下矩阵形式

$$\begin{bmatrix} u \\ v \end{bmatrix} = \begin{bmatrix} N_1(r,s) & 0 & N_2(r,s) & 0 & N_3(r,s) & 0 & N_4(r,s) & 0 \\ 0 & N_1(r,s) & 0 & N_2(r,s) & 0 & N_3(r,s) & 0 & N_4(r,s) \end{bmatrix} \begin{bmatrix} u_1 \\ v_1 \\ u_2 \\ v_2 \\ u_3 \\ v_3 \\ u_4 \\ v_4 \end{bmatrix}$$

$$= \sum_{i=1}^{4} \begin{bmatrix} N_i(r,s) & 0 \\ 0 & N_i(r,s) \end{bmatrix} \begin{bmatrix} u_i \\ v_i \end{bmatrix} \tag{2-41}$$

将式(2-41)代入平面问题的几何方程,得

$$\boldsymbol{\varepsilon} = \begin{bmatrix} \varepsilon_{xx} \\ \varepsilon_{yy} \\ \gamma_{xy} \end{bmatrix} = \begin{bmatrix} \frac{\partial}{\partial x} & 0 \\ 0 & \frac{\partial}{\partial y} \\ \frac{\partial}{\partial y} & \frac{\partial}{\partial x} \end{bmatrix} \begin{bmatrix} u \\ v \end{bmatrix} = \sum_{i=1}^{4} \begin{bmatrix} \frac{\partial}{\partial x} & 0 \\ 0 & \frac{\partial}{\partial y} \\ \frac{\partial}{\partial y} & \frac{\partial}{\partial x} \end{bmatrix} \begin{bmatrix} N_i(r,s) & 0 \\ 0 & N_i(r,s) \end{bmatrix} \begin{bmatrix} u_i \\ v_i \end{bmatrix}$$

$$= \sum_{i=1}^{4} \begin{bmatrix} N_{i,x} & 0 \\ 0 & N_{i,y} \\ N_{i,y} & N_{i,x} \end{bmatrix} \begin{bmatrix} u_i \\ v_i \end{bmatrix} \tag{2-42}$$

式中

$$N_{i,x} = \frac{\partial N_i}{\partial x}, N_{i,y} = \frac{\partial N_i}{\partial y} \tag{2-43}$$

记

$$\boldsymbol{B}_i = \begin{bmatrix} N_{i,x} & 0 \\ 0 & N_{i,y} \\ N_{i,y} & N_{i,x} \end{bmatrix}, i = 1 \sim 4 \tag{2-44}$$

则几何矩阵 $\boldsymbol{B}$ 可以写为

$$\boldsymbol{B} = [\boldsymbol{B}_1 \quad \boldsymbol{B}_2 \quad \boldsymbol{B}_3 \quad \boldsymbol{B}_4] \tag{2-45}$$

从式(2-44)可以看出,为了求得几何矩阵 $\boldsymbol{B}$,需求得 $N_{i,x}$ 和 $N_{i,y}$。由于形函数 N_i 是自然坐标 r 和 s 的函数,因而,$N_{i,x}$ 和 $N_{i,y}$ 需要通过如下链式求导方式求得

$$\begin{bmatrix} N_{i,r} \\ N_{i,s} \end{bmatrix} = \begin{bmatrix} x_{,r} & y_{,r} \\ x_{,s} & y_{,s} \end{bmatrix} \begin{bmatrix} N_{i,x} \\ N_{i,y} \end{bmatrix} = \boldsymbol{J} \begin{bmatrix} N_{i,x} \\ N_{i,y} \end{bmatrix} \tag{2-46}$$

式中:$\boldsymbol{J}$——雅克比矩阵。

则可得到 $N_{i,x}$ 和 $N_{i,y}$ 的表达式为

$$\begin{bmatrix} N_{i,x} \\ N_{i,y} \end{bmatrix} = \boldsymbol{J}^{-1} \begin{bmatrix} N_{i,r} \\ N_{i,s} \end{bmatrix} \tag{2-47}$$

从式(2-47)可以看出,要求出 $N_{i,x}$ 和 $N_{i,y}$,需要分别求得雅克比矩阵 $\boldsymbol{J}$、$N_{i,r}$ 和 $N_{i,s}$。雅克比矩阵 $\boldsymbol{J}$ 的元素为整体坐标 x 和 y 对自然坐标 r 和 s 的偏导数,可由坐标插值式(2-38)求得

$$\begin{cases} x_{,r} = \sum_{i=1}^{4} \frac{\partial N_i(r,s)}{\partial r} \cdot x_i \\ x_{,s} = \sum_{i=1}^{4} \frac{\partial N_i(r,s)}{\partial s} \cdot x_i \\ y_{,r} = \sum_{i=1}^{4} \frac{\partial N_i(r,s)}{\partial r} \cdot y_i \\ y_{,s} = \sum_{i=1}^{4} \frac{\partial N_i(r,s)}{\partial s} \cdot y_i \end{cases} \tag{2-48}$$

至于形函数 N_i 对自然坐标 r 和 s 的偏导数,可由形函数 N_i 的表达式显式求得

$$N_{i,r} = \frac{1}{4} r_i (1 + s_i s), N_{i,s} = \frac{1}{4} s_i (1 + r_i r) \tag{2-49}$$

对于平面应力问题,应力—应变关系可以写为

$$\begin{bmatrix} \sigma_{xx} \\ \sigma_{yy} \\ \tau_{xy} \end{bmatrix} = \frac{E}{1-\nu^2} \begin{bmatrix} 1 & \nu & 0 \\ \nu & 1 & 0 \\ 0 & 0 & \frac{1-\nu}{2} \end{bmatrix} \begin{bmatrix} \varepsilon_{xx} \\ \varepsilon_{yy} \\ \gamma_{xy} \end{bmatrix} \tag{2-50}$$

也即物理矩阵为

$$\boldsymbol{D} = \frac{E}{1-\nu^2} \begin{bmatrix} 1 & \nu & 0 \\ \nu & 1 & 0 \\ 0 & 0 & \frac{1-\nu}{2} \end{bmatrix} \tag{2-51}$$

若为平面应变问题,只需将上式中的 E 换成 $E/(1-\nu^2)$,ν 换成 $\nu/(1-\nu)$。

得到式(2-45)所示的几何矩阵 $\boldsymbol{B}$ 和式(2-51)所示的物理矩阵 $\boldsymbol{D}$ 的表达式后,代入式(2-15)得到单元刚度矩阵的积分表达式

$$\boldsymbol{K}_{\mathrm{e}} = t \iint_{e} \boldsymbol{B}^{\mathrm{T}} \boldsymbol{D} \boldsymbol{B} \mathrm{d}x \mathrm{d}y \tag{2-52}$$

式中:t——平面单元厚度。

由于几何矩阵 $\boldsymbol{B}$ 是自然坐标 r 和 s 的函数,因而上式积分需要变换到自然坐标系下,考虑积分微元的变换关系

$$\mathrm{d}x \mathrm{d}y = |\boldsymbol{J}| \, \mathrm{d}r \mathrm{d}s \tag{2-53}$$

式中:$|\boldsymbol{J}|$——雅克比矩阵 $\boldsymbol{J}$ 的行列式值。

则式(2-52)可以写为

$$
\begin{aligned}
\boldsymbol{K}_{\mathrm{e}} &= t\iint_{\mathrm{e}} \boldsymbol{B}^{\mathrm{T}}\boldsymbol{D}\boldsymbol{B}\mathrm{d}x\mathrm{d}y \\
&= t\int_{-1}^{1}\int_{-1}^{1} \boldsymbol{B}^{\mathrm{T}}\boldsymbol{D}\boldsymbol{B} \mid \boldsymbol{J} \mid \mathrm{d}r\mathrm{d}s
\end{aligned} \tag{2-54}
$$

对于上述积分,由于被积函数构造极其复杂,不可能直接得到其解析积分结果,一般需采取数值积分方法求得近似解。对于线弹性平面问题,式(2-54)可以采用高斯积分计算。

二维高斯积分公式可以写为

$$
\int_{-1}^{1}\int_{-1}^{1} f(r,s)\,\mathrm{d}r\mathrm{d}s \approx \sum_{i=1}^{n}\sum_{j=1}^{n} H_i H_j f(r_i,s_j) \tag{2-55}
$$

式中:n——高斯积分法的阶数;

r_i 和 s_j——高斯积分点坐标;

H_i 和 H_j——求积权重。

表 2-1 给出了当 $n=1,2,3$ 时,高斯积分点坐标和求积权重的取值。

二维高斯积分的积分点坐标和求积权重　　表 2-1

n	$r_i(s_j)$	$H_i(H_j)$
1	0.000 000 000	2.000 000 000
2	−0.577 350 269	1.000 000 000
	0.577 350 269	1.000 000 000
3	−0.774 596 669	0.555 555 556
	0.000 000 000	0.888 888 889
	0.774 596 669	0.555 555 556

本章参考文献

[1] 刘北辰. 工程计算力学——理论与应用[M]. 北京:机械工业出版社,1994.

[2] 杨庆生. 现代计算固体力学[M]. 北京:科学出版社,2007.

第3章　退化梁单元基本理论

3.1 前　　言

如第1章绪论所述，尽管二维平面单元及三维实体单元的混凝土结构非线性有限元分析可以揭示混凝土结构的破坏全过程以及机理，但是，巨大的计算开销往往限制了其在大型混凝土结构，比如混凝土桥梁结构中的应用。基于梁单元的混凝土结构非线性有限元分析，具有计算量小以及能抓住混凝土梁系结构非线性行为的主要特点等优点，在实际大型混凝土梁系结构的非线性有限元分析中有着广泛的应用前景。

在基于梁单元的混凝土结构非线性有限元分析中，混凝土和钢材不再假设为线弹性材料，截面应力分布呈高度非线性分布。那么，在非线性分析中需要解决的首要问题就是如何描述和处理这种非线性的应力分布。在已有的研究文献中，先后出现了多种数值方法来解决这一问题。这些方法基本上可以分为两大类：第一类方法是在截面层面描述混凝土结构的材料非线性行为，比如直接给出截面的非线性弯矩—曲率关系，这一类方法多用于平面梁系结构的非线性分析[1,2]；第二类方法即所谓纤维化方法，这种方法对截面应力非线性的处理是基于把截面划分成若干个小块或者小条，也即“纤维”，进而独立地描述每一个纤维上的材料非线性行为。由于这种分块描述的优点，这种方法具有很广泛的适用性，可以方便地应用于任意截面的三维空间梁系结构的非线性分析[3,4]。

本书所讨论的退化梁单元（Degenerated Beam Element）属于第二种纤维单元的范畴。所谓退化的概念，是指它的位移插值模式是通过三维空间位移场引入Timoshenko梁平截面假定退化而得到的[5]。向天宇等人利用四节点退化板壳单元对一批预应力混凝土箱形试验梁进行了非线性有限元分析[6,7]。随后，向天宇和童育强发展出了退化梁单元（Degenerated Beam Element，简写DBE）大型有限元计算程序，将其成功应用于数个大型钢筋混凝土结构和钢—混凝土组合结构的线性和非线性有限元分析[8-22]。

本章首先讨论空间退化梁单元的有限元列式的推导过程，然后通过若干数值算例，讨论了空间退化梁单元在梁系结构线弹性分析中的应用。

3.2 基于退化理论的空间梁单元有限元列式推导

3.2.1 基本原理和基本假设

基于退化理论的空间梁单元是一种等参单元。它的实质主要在于:用轴线节点位移表示梁单元的空间位移场。为了用轴线节点位移表示梁单元的三维空间位移场,引入 Timoshenko 梁的平截面假设,即变形前垂直于梁轴线的横截面,在变形后仍保持一个平面,但不再假定变形后截面垂直于变形后梁轴的挠曲线[8, 9]。

这种梁单元,既考虑了梁自身变形的特点,能够把握住实际梁结构受力行为的主要矛盾,又保留了其空间结构特性,也能反映剪切变形。由于假设变形前垂直于中轴线的截面变形后仍然保持为平面,不再假定变形后截面垂直于变形后梁轴的挠曲线,所以这种退化梁单元既可以分析浅梁,也可分析深梁。在对梁单元形成单元刚度矩阵的计算中,采用了在截面上分层或分块积分的方法,在每层或每块上只取一个积分点,因此,能充分适应各种截面形式,同时还能有效地模拟夹层梁、叠合梁和组合梁结构等。

在钢筋混凝土非线性有限元分析中,由于混凝土的开裂、压溃和钢筋的塑性流动等结构非线性影响因素的存在,导致混凝土梁呈现沿高度方向材料性质的变化,利用退化梁单元能很方便地模拟混凝土开裂、压溃和钢筋屈服后的非线性行为,可以精确高效地进行钢筋混凝土梁的非线性有限元分析。

3.2.2 有限元列式推导

1)坐标插值

O'是在节点处截面上任意定义的参考点,以 O'为原点建立如图 3-1 所示的单元局部坐标系($\boldsymbol{V}_1 \quad \boldsymbol{V}_2 \quad \boldsymbol{V}_3$),假定梁单元为任意截面形式的等截面直梁。可以得到以下坐标插值函数

$$\begin{bmatrix} x \\ y \\ z \end{bmatrix} = \sum_{i=1}^{2} \begin{bmatrix} N_i(r) & 0 & 0 \\ 0 & N_i(r) & 0 \\ 0 & 0 & N_i(r) \end{bmatrix} \left(\begin{bmatrix} x_i \\ y_i \\ z_i \end{bmatrix} + y'\boldsymbol{V}_2 + z'\boldsymbol{V}_3 \right) \tag{3-1}$$

式中:$[x \quad y \quad z]^{\mathrm{T}}$——梁中任意一点的坐标;

$[x_i \quad y_i \quad z_i]^{\mathrm{T}}$——节点坐标;

y'、z'——梁中任意一点在局部坐标系($\boldsymbol{V}_2 \quad \boldsymbol{V}_3$)下的坐标;

$N_i(r)$——坐标插值函数,如式(3-2)所示。

$$N_i(r) = (1 + r_i r)/2 \tag{3-2}$$

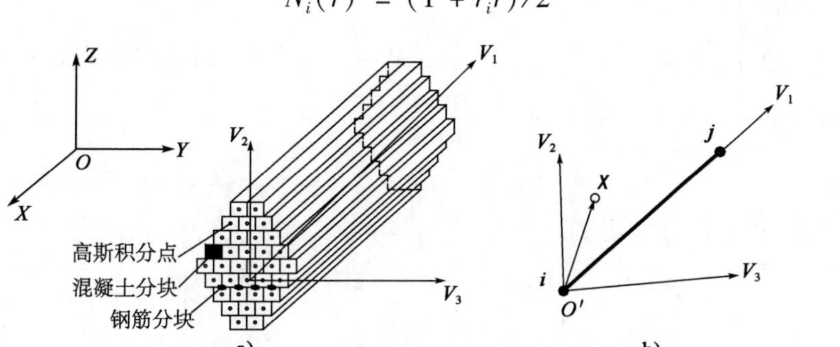

图3-1 退化梁单元

单元局部坐标系($\boldsymbol{V}_1 \quad \boldsymbol{V}_2 \quad \boldsymbol{V}_3$)可以用如下方式求出,其中

$$\boldsymbol{V}_1 = \left[\frac{(x_2 - x_1)}{L} \quad \frac{(y_2 - y_1)}{L} \quad \frac{(z_2 - z_1)}{L}\right]^{\mathrm{T}} = [l_1 \quad m_1 \quad n_1]^{\mathrm{T}} \tag{3-3}$$

式中: L——单元长度;

$\boldsymbol{V}_3 = [l_3 \quad m_3 \quad n_3]^{\mathrm{T}}$——输入数据。

则 $\boldsymbol{V}_2$ 可由下面的式(3-4)求得

$$\boldsymbol{V}_2 = \boldsymbol{V}_3 \times \boldsymbol{V}_1 = \begin{bmatrix} m_3 n_1 - m_1 n_3 \\ l_1 n_3 - l_3 n_1 \\ l_3 m_1 - l_1 m_3 \end{bmatrix} = \begin{bmatrix} l_2 \\ m_2 \\ n_2 \end{bmatrix} \tag{3-4}$$

2)位移插值

单元内任意一点的位移可以用式(3-5)表示

$$\begin{bmatrix} u \\ v \\ w \end{bmatrix} = \sum_{i=1}^{2} \begin{bmatrix} N_i(r) & 0 & 0 \\ 0 & N_i(r) & 0 \\ 0 & 0 & N_i(r) \end{bmatrix} \left(\begin{bmatrix} u_i \\ v_i \\ w_i \end{bmatrix} + \begin{bmatrix} u_i(\alpha) \\ v_i(\alpha) \\ w_i(\alpha) \end{bmatrix} \right) \tag{3-5}$$

式中: $[u \quad v \quad w]^{\mathrm{T}}$——梁内任意一点的位移矢量;

$[u_i \quad v_i \quad w_i]^{\mathrm{T}}$——单元的节点线位移矢量;

$[u_i(\alpha) \quad v_i(\alpha) \quad w_i(\alpha)]^{\mathrm{T}}$——由于截面上节点产生的转角矢量$[\alpha'_{i1} \quad \alpha'_{i2} \quad \alpha'_{i3}]^{\mathrm{T}}$($\alpha'_{i1}$、$\alpha'_{i2}$、$\alpha'_{i3}$为局部坐标系下分别绕 $\boldsymbol{V}_1$、$\boldsymbol{V}_2$、$\boldsymbol{V}_3$的转动量)而引起的位移。

在单元局部坐标系($\boldsymbol{V}_1 \quad \boldsymbol{V}_2 \quad \boldsymbol{V}_3$)下,根据平截面假定,由节点转角引起的位移$[u_i(\alpha) \quad v_i(\alpha) \quad w_i(\alpha)]^{\mathrm{T}}$ 可以由式(3-6)求得

$$\begin{bmatrix} u_i(\alpha) \\ v_i(\alpha) \\ w_i(\alpha) \end{bmatrix} = \begin{vmatrix} V_1 & V_2 & V_3 \\ \alpha'_{i1} & \alpha'_{i2} & \alpha'_{i3} \\ 0 & y' & z' \end{vmatrix} = (\alpha'_{i2}z' - \alpha'_{i3}y')\boldsymbol{V}_1 - \alpha'_{i1}z'\boldsymbol{V}_2 + \alpha'_{i1}y'\boldsymbol{V}_3 \tag{3-6}$$

代入 $\boldsymbol{V}_1$、$\boldsymbol{V}_2$ 和 $\boldsymbol{V}_3$，可以得到

$$\begin{bmatrix} u_i(\alpha) \\ v_i(\alpha) \\ w_i(\alpha) \end{bmatrix} = \begin{bmatrix} y'l_3 - z'l_2 & z'l_1 & -y'l_1 \\ y'm_3 - z'm_2 & z'm_1 & -y'm_1 \\ y'n_3 - z'n_2 & z'n_1 & -y'n_1 \end{bmatrix} \begin{bmatrix} \alpha'_{i1} \\ \alpha'_{i2} \\ \alpha'_{i3} \end{bmatrix} \tag{3-7}$$

由坐标变换公式得

$$\begin{bmatrix} \alpha'_{i1} \\ \alpha'_{i2} \\ \alpha'_{i3} \end{bmatrix} = \begin{bmatrix} l_1 & m_1 & n_1 \\ l_2 & m_2 & n_2 \\ l_3 & m_3 & n_3 \end{bmatrix} \begin{bmatrix} \alpha_{i1} \\ \alpha_{i2} \\ \alpha_{i3} \end{bmatrix} \tag{3-8}$$

式中：α_{i1}、α_{i2}、α_{i3}——整体坐标系下分别绕 x、y、z 坐标轴的转动量，将式(3-8)代入式(3-7)，得

$$\begin{aligned} \begin{bmatrix} u_i(\alpha) \\ v_i(\alpha) \\ w_i(\alpha) \end{bmatrix} &= \begin{bmatrix} y'l_3 - z'l_2 & z'l_1 & -y'l_1 \\ y'm_3 - z'm_2 & z'm_1 & -y'm_1 \\ y'n_3 - z'n_2 & z'n_1 & -y'n_1 \end{bmatrix} \begin{bmatrix} l_1 & m_1 & n_1 \\ l_2 & m_2 & n_2 \\ l_3 & m_3 & n_3 \end{bmatrix} \begin{bmatrix} \alpha_{i1} \\ \alpha_{i2} \\ \alpha_{i3} \end{bmatrix} \\ &= \begin{bmatrix} 0 & \begin{matrix} y'l_3m_1 - z'l_2m_1 \\ -y'l_1m_3 + z'l_1m_2 \end{matrix} & \begin{matrix} y'l_3n_1 - z'l_2n_1 \\ -y'l_1n_3 + z'l_1n_2 \end{matrix} \\ \begin{matrix} y'l_1m_3 - z'l_1m_2 \\ -y'l_3m_1 + z'l_2m_1 \end{matrix} & 0 & \begin{matrix} y'm_3n_1 - z'm_2n_1 \\ -y'm_1n_3 + z'm_1n_2 \end{matrix} \\ \begin{matrix} y'l_1n_3 - z'l_1n_2 \\ -y'l_3n_1 + z'l_2n_1 \end{matrix} & \begin{matrix} y'm_1n_3 - z'm_1n_2 \\ -y'm_3n_1 + z'm_2n_1 \end{matrix} & 0 \end{bmatrix} \begin{bmatrix} \alpha_{i1} \\ \alpha_{i2} \\ \alpha_{i3} \end{bmatrix} \end{aligned} \tag{3-9}$$

考虑到

$$\begin{bmatrix} l_2 \\ m_2 \\ n_2 \end{bmatrix} = \begin{vmatrix} \boldsymbol{i} & \boldsymbol{j} & \boldsymbol{k} \\ l_3 & m_3 & n_3 \\ l_1 & m_1 & n_1 \end{vmatrix} \tag{3-10}$$

$$\begin{bmatrix} l_3 \\ m_3 \\ n_3 \end{bmatrix} = \begin{vmatrix} \boldsymbol{i} & \boldsymbol{j} & \boldsymbol{k} \\ l_1 & m_1 & n_1 \\ l_2 & m_2 & n_2 \end{vmatrix} \tag{3-11}$$

将式(3-10)与式(3-11)应用于式(3-9),整理得

$$\begin{bmatrix} u_i(\alpha) \\ v_i(\alpha) \\ w_i(\alpha) \end{bmatrix} = \begin{bmatrix} 0 & y'n_2 + z'n_3 & -y'm_2 - z'm_3 \\ -y'n_2 - z'n_3 & 0 & y'l_2 + z'l_3 \\ y'm_2 + z'm_3 & -y'l_2 - z'l_3 & 0 \end{bmatrix} \begin{bmatrix} \alpha_{i1} \\ \alpha_{i2} \\ \alpha_{i3} \end{bmatrix} \tag{3-12}$$

综合上述分析,单元的位移插值可以表示为

$$\begin{bmatrix} u \\ v \\ w \end{bmatrix} = \sum_{i=1}^{2} N_i \begin{bmatrix} 1 & 0 & 0 & 0 & y'n_2 + z'n_3 & -y'm_2 - z'm_3 \\ 0 & 1 & 0 & -y'n_2 - z'n_3 & 0 & y'l_2 + z'l_3 \\ 0 & 0 & 1 & y'm_2 + z'm_3 & -y'l_2 - z'l_3 & 0 \end{bmatrix} \begin{bmatrix} u_i \\ v_i \\ w_i \\ \alpha_{i1} \\ \alpha_{i2} \\ \alpha_{i3} \end{bmatrix} \tag{3-13}$$

3)应变计算

整体坐标系下,单元内任意一点在整体坐标系下的应变可以表示为

$$\bar{\boldsymbol{\varepsilon}} = \begin{bmatrix} \bar{\varepsilon}_{11} \\ \bar{\varepsilon}_{22} \\ \bar{\varepsilon}_{33} \\ \bar{\gamma}_{12} \\ \bar{\gamma}_{13} \\ \bar{\gamma}_{23} \end{bmatrix} = \begin{bmatrix} \frac{\partial}{\partial x} & 0 & 0 \\ 0 & \frac{\partial}{\partial y} & 0 \\ 0 & 0 & \frac{\partial}{\partial z} \\ \frac{\partial}{\partial y} & \frac{\partial}{\partial x} & 0 \\ \frac{\partial}{\partial z} & 0 & \frac{\partial}{\partial x} \\ 0 & \frac{\partial}{\partial z} & \frac{\partial}{\partial y} \end{bmatrix} \begin{bmatrix} u \\ v \\ w \end{bmatrix} \tag{3-14}$$

式中:$\bar{\boldsymbol{\varepsilon}}$——单元内的任意一点在整体坐标系下的应变。

将式(3-13)代入式(3-14),可得

$$\bar{\boldsymbol{\varepsilon}} = \sum_{i=1}^{2} \bar{\boldsymbol{B}}_i \boldsymbol{\delta}_i \tag{3-15}$$

式中:$\boldsymbol{\delta}_i = [u_i \quad v_i \quad w_i \quad \alpha_{i1} \quad \alpha_{i2} \quad \alpha_{i3}]^{\mathrm{T}}$——整体坐标系下节点位移向量。

$$\bar{\boldsymbol{B}}_i = \begin{bmatrix} \bar{\boldsymbol{B}}_i^{11} & \bar{\boldsymbol{B}}_i^{12} \\ \bar{\boldsymbol{B}}_i^{21} & \bar{\boldsymbol{B}}_i^{22} \end{bmatrix} \tag{3-16}$$

其中

$$\bar{\boldsymbol{B}}_i^{11} = \begin{bmatrix} N_{i'x} & 0 & 0 \\ 0 & N_{i'y} & 0 \\ 0 & 0 & N_{i'z} \end{bmatrix} \tag{3-17}$$

$$\bar{\boldsymbol{B}}_i^{12} = \begin{bmatrix} 0 & [(y'n_2 + z'n_3)N_i]_{,x} & [(-y'm_2 - z'm_3)N_i]_{,x} \\ [(-y'n_2 - z'n_3)N_i]_{,y} & 0 & [(y'l_2 + z'l_3)N_i]_{,y} \\ [(y'm_2 + z'm_3)N_i]_{,z} & [(-y'l_2 - z'l_3)N_i]_{,z} & 0 \end{bmatrix} \tag{3-18}$$

$$\bar{\boldsymbol{B}}_i^{21} = \begin{bmatrix} N_{i'y} & N_{i'x} & 0 \\ N_{i'z} & 0 & N_{i'x} \\ 0 & N_{i'z} & N_{i'y} \end{bmatrix} \tag{3-19}$$

$$\bar{\boldsymbol{B}}_i^{22} = \begin{bmatrix} [(-y'n_2 - z'n_3)N_i]_{,x} & [(y'n_2 + z'n_3)N_i]_{,y} & \begin{aligned}&[(-y'm_2 - z'm_3)N_i]_{,y} \\ &+[(y'l_2 + z'l_3)N_i]_{,x}\end{aligned} \\ [(y'm_2 + z'm_3)N_i]_{,x} & \begin{aligned}&[(y'n_2 + z'n_3)N_i]_{,z} \\ &+[(-y'l_2 - z'l_3)N_i]_{,x}\end{aligned} & [(-y'm_2 - z'm_3)N_i]_{,z} \\ \begin{aligned}&[(-y'n_2 - z'n_3)N_i]_{,z} \\ &+[(y'm_2 + z'm_3)N_i]_{,y}\end{aligned} & [(-y'l_2 - z'l_3)N_i]_{,y} & [(y'l_2 + z'l_3)N_i]_{,z} \end{bmatrix} \tag{3-20}$$

在式(3-17)~式(3-20)中,$N_{i'x}$、$N_{i'y}$、$N_{i'z}$、$y'_{,x}$、$y'_{,y}$、$y'_{,z}$、$z'_{,x}$、$z'_{,y}$、$z'_{,z}$为未知数,可以用式(3-21)~式(3-32)求得

$$\begin{bmatrix} N_{i'r} \\ N_{i'y'} \\ N_{i'z'} \end{bmatrix} = \begin{bmatrix} x_{,r} & y_{,r} & z_{,r} \\ x_{,y'} & y_{,y'} & z_{,y'} \\ x_{,z'} & y_{,z'} & z_{,z'} \end{bmatrix} \begin{bmatrix} N_{i'x} \\ N_{i'y} \\ N_{i'z} \end{bmatrix} \tag{3-21}$$

由式(3-21)求逆可得

$$\begin{bmatrix} N_{i'x} \\ N_{i'y} \\ N_{i'z} \end{bmatrix} = \begin{bmatrix} r_{,x} & y'_{,x} & z'_{,x} \\ r_{,y} & y'_{,y} & z'_{,y} \\ r_{,z} & y'_{,z} & z'_{,z} \end{bmatrix} \begin{bmatrix} N_{i'r} \\ N_{i'y'} \\ N_{i'z'} \end{bmatrix} \tag{3-22}$$

由于 $N_{i'y'}=0, N_{i'z'}=0$，则可以得到

$$\begin{bmatrix} N_{i'x} \\ N_{i'y} \\ N_{i'z} \end{bmatrix} = \begin{bmatrix} r_{,x} \\ r_{,y} \\ r_{,z} \end{bmatrix} N_{i'r} \tag{3-23}$$

在式(3-22)中，矩阵 $\begin{bmatrix} r_{,x} & y'_{,x} & z'_{,x} \\ r_{,y} & y'_{,y} & z'_{,y} \\ r_{,z} & y'_{,z} & z'_{,z} \end{bmatrix}$ 为雅克比矩阵的逆矩阵，可以由式(3-24)求得

$$\begin{bmatrix} r_{,x} & y'_{,x} & z'_{,x} \\ r_{,y} & y'_{,y} & z'_{,y} \\ r_{,z} & y'_{,z} & z'_{,z} \end{bmatrix} = \begin{bmatrix} x_{,r} & y_{,r} & z_{,r} \\ x_{,y'} & y_{,y'} & z_{,y'} \\ x_{,z'} & y_{,z'} & z_{,z'} \end{bmatrix}^{-1} \tag{3-24}$$

雅克比矩阵中各元素可以由如下方式求得

$$\begin{bmatrix} x_{,r} \\ y_{,r} \\ z_{,r} \end{bmatrix} = \sum_{i=1}^{2} \begin{bmatrix} N_{i'r} & 0 & 0 \\ 0 & N_{i'r} & 0 \\ 0 & 0 & N_{i'r} \end{bmatrix} \left(\begin{bmatrix} x_i \\ y_i \\ z_i \end{bmatrix} + y'\boldsymbol{V}_2 + z'\boldsymbol{V}_3 \right) \tag{3-25}$$

$$\begin{bmatrix} x_{,y'} \\ y_{,y'} \\ z_{,y'} \end{bmatrix} = \sum_{i=1}^{2} \begin{bmatrix} N_i(r) & 0 & 0 \\ 0 & N_i(r) & 0 \\ 0 & 0 & N_i(r) \end{bmatrix} \cdot \boldsymbol{V}_2 \tag{3-26}$$

$$\begin{bmatrix} x_{,z'} \\ y_{,z'} \\ z_{,z'} \end{bmatrix} = \sum_{i=1}^{2} \begin{bmatrix} N_i(r) & 0 & 0 \\ 0 & N_i(r) & 0 \\ 0 & 0 & N_i(r) \end{bmatrix} \cdot \boldsymbol{V}_3 \tag{3-27}$$

因为

$$\begin{cases} \text{当} i = 1 \text{时} \quad r = -1, N_1 = \dfrac{1}{2}, N_{1'r} = -\dfrac{1}{2} \\ \text{当} i = 2 \text{时} \quad r = 1, N_2 = \dfrac{1}{2}, N_{2'r} = \dfrac{1}{2} \end{cases} \tag{3-28}$$

则式(3-25)～式(3-27)分别可以化简为

$$\begin{bmatrix} x_{,r} \\ y_{,r} \\ z_{,r} \end{bmatrix} = \begin{bmatrix} \dfrac{x_2 - x_1}{2} \\ \dfrac{y_2 - y_1}{2} \\ \dfrac{z_2 - z_1}{2} \end{bmatrix} = \begin{bmatrix} \dfrac{l_1 L}{2} \\ \dfrac{m_1 L}{2} \\ \dfrac{n_1 L}{2} \end{bmatrix} = \frac{1}{2} L \cdot \boldsymbol{V}_1 \tag{3-29}$$

$$\begin{bmatrix} x_{,y'} \\ y_{,y'} \\ z_{,y'} \end{bmatrix} = \sum_{i=1}^{2} \begin{bmatrix} N_i(r) & 0 & 0 \\ 0 & N_i(r) & 0 \\ 0 & 0 & N_i(r) \end{bmatrix} \cdot \boldsymbol{V}_2 = \boldsymbol{V}_2 \tag{3-30}$$

$$\begin{bmatrix} x_{,z'} \\ y_{,z'} \\ z_{,z'} \end{bmatrix} = \sum_{i=1}^{2} \begin{bmatrix} N_i(r) & 0 & 0 \\ 0 & N_i(r) & 0 \\ 0 & 0 & N_i(r) \end{bmatrix} \cdot \boldsymbol{V}_3 = \boldsymbol{V}_3 \tag{3-31}$$

则

$$\begin{bmatrix} r_{,x} & y'_{,x} & z'_{,x} \\ r_{,y} & y'_{,y} & z'_{,y} \\ r_{,z} & y'_{,z} & z'_{,z} \end{bmatrix} = \begin{bmatrix} x_{,r} & y_{,r} & z_{,r} \\ x_{,y'} & y_{,y'} & z_{,y'} \\ x_{,z'} & y_{,z'} & z_{,z'} \end{bmatrix}^{-1} = \begin{bmatrix} 2l_1/L & l_2 & l_3 \\ 2m_1/L & m_2 & m_3 \\ 2n_1/L & n_2 & n_3 \end{bmatrix} \tag{3-32}$$

将式(3-23)和式(3-32)代入式(3-16)～式(3-20),即可求得 $\bar{\boldsymbol{B}}_i$。

求得整体坐标系下的应变表达式后,根据梁单元的受力特点,定义局部坐标系下梁单元的应变为

$$\boldsymbol{\varepsilon} = \begin{bmatrix} \varepsilon_{11} \\ \gamma_{12} \\ \gamma_{13} \\ \gamma_{23} \end{bmatrix} \tag{3-33}$$

由坐标变换关系,有

$$\boldsymbol{\varepsilon} = \boldsymbol{T}\bar{\boldsymbol{\varepsilon}} \tag{3-34}$$

式中:$\boldsymbol{T}$——坐标变换矩阵,可由式(3-35)求得

$$\boldsymbol{T} = \begin{bmatrix} l_1^2 & m_1^2 & n_1^2 & l_1 m_1 & l_1 n_1 & m_1 n_1 \\ 2l_1 l_2 & 2m_1 m_2 & 2n_1 n_2 & l_1 m_2 + l_2 m_1 & l_1 n_2 + l_2 n_1 & m_1 n_2 + m_2 n_1 \\ 2l_1 l_3 & 2m_1 m_3 & 2n_1 n_3 & l_1 m_3 + l_3 m_1 & l_1 n_3 + l_3 n_1 & m_1 n_3 + m_3 n_1 \\ 2l_2 l_3 & 2m_2 m_3 & 2n_2 n_3 & l_2 m_3 + l_3 m_2 & l_2 n_3 + l_3 n_2 & m_2 n_3 + m_3 n_2 \end{bmatrix} \tag{3-35}$$

将式(3-15)代入式(3-34),得

$$\boldsymbol{\varepsilon} = \sum_{i=1}^{2}\boldsymbol{B}_i\boldsymbol{\delta}_i \tag{3-36}$$

其中

$$\boldsymbol{B}_i = \boldsymbol{T}\bar{\boldsymbol{B}}_i \tag{3-37}$$

4)应力计算

根据梁的受力特点,定义局部坐标系下应力状态为

$$\boldsymbol{\sigma} = \begin{bmatrix} \sigma_{11} \\ \sigma_{12} \\ \sigma_{13} \\ \sigma_{23} \end{bmatrix} \tag{3-38}$$

在局部坐标系下,单元的应力—应变关系可以写为

$$\boldsymbol{\sigma} = \boldsymbol{D}\boldsymbol{\varepsilon} = \boldsymbol{D}\boldsymbol{B}\boldsymbol{\delta} \tag{3-39}$$

对于矩阵 $\boldsymbol{D}$,要根据不同的分析对象和方法选择不同的本构关系。对于线弹性材料,$\boldsymbol{D}$ 可以表示为

$$\boldsymbol{D} = \begin{bmatrix} E & 0 & 0 & 0 \\ 0 & G & 0 & 0 \\ 0 & 0 & G & 0 \\ 0 & 0 & 0 & G \end{bmatrix} \tag{3-40}$$

$$G = E/2(1+v)$$

式中:E——材料的弹性模量;

v——泊松比。

5)单元刚度矩阵的形成

在形成单元刚度矩阵的计算中,退化梁单元采用了在截面上分层或分块积分的方法。如果每一层(每一块)采用沿梁轴线多高斯点积分方法,则容易出现“剪锁现象”。在退化梁单元中采用了 Timoshenko 梁假设,也即线位移和挠度相互独立,这就意味着退化梁单元位移场是 C^0 连续的。同时,在退化梁单元中剪切应变能为 $O(L^2/h)$ 数量级,其中 L/h 为单元长度与高度之比。已有研究表明,当单元高度趋于 0 时,剪切应变能在刚度贡献中占主导地位,导致单元刚度矩阵过刚,而无法反映出结构的弯曲行为,这一现象即称为“剪锁现象”[5]。为了避免这一现象的发生,一般建议,在每层或每块上沿梁轴线只取一个积分点,一般这个积分点取在单元沿梁轴线的中心点处[5]。

设单元截面分为 p 层(块),则单元刚度矩阵的数值积分可以写为

$$\boldsymbol{K}_{\mathrm{e}} = \int_{-1}^{1}\int_{y'}\int_{z'} \boldsymbol{B}_{\mathrm{e}}^{\mathrm{T}} \boldsymbol{D}_{\mathrm{e}} \boldsymbol{B}_{\mathrm{e}} \mathrm{d}z'\mathrm{d}y'\mathrm{d}r$$

$$= L\sum_{j=1}^{p} \Delta A_j \cdot \boldsymbol{B}_j^{\mathrm{T}}\boldsymbol{D}_j\boldsymbol{B}_j \big|_{y',z',r=0} \tag{3-41}$$

式中：ΔA_j——每个分层或者分块的横截面面积；

L——单元的长度；

$\boldsymbol{B}_j$ 和 $\boldsymbol{D}_j$——每个积分点处的几何矩阵和物理矩阵。

在材料非线性分析中，在形成单元切线刚度矩阵的过程中，使用的是切线应力—应变关系矩阵 $\boldsymbol{D}_{\mathrm{T}}$

$$\boldsymbol{D}_{\mathrm{T}} = \begin{bmatrix} E_{\mathrm{T}} & 0 & 0 & 0 \\ 0 & G_{\mathrm{T}} & 0 & 0 \\ 0 & 0 & G_{\mathrm{T}} & 0 \\ 0 & 0 & 0 & G_{\mathrm{T}} \end{bmatrix} \tag{3-42}$$

$$G_{\mathrm{T}} = E_{\mathrm{T}}/2(1+v)$$

式中：E_{T}——材料的切线模量。

6)单元内力的形成

在结构非线性分析中，为了求得不平衡力，需要在每次迭代时都要形成一次结构的内力。基于退化理论的空间梁单元的单元内力计算可以用下式表示

$$F_{\mathrm{e}}^{\mathrm{in}} = \int_{-1}^{1}\int_{y'}\int_{z'} \boldsymbol{B}_{\mathrm{e}}^{\mathrm{T}}\boldsymbol{\sigma}_{\mathrm{e}} \mathrm{d}z'\mathrm{d}y'\mathrm{d}r \tag{3-43}$$

式中：$\boldsymbol{\sigma}_{\mathrm{e}}$——单元应力矢量。

如果将单元分为 p 层(块)，则上式可以表示为

$$F_{\mathrm{e}}^{\mathrm{in}} = L \cdot \sum \boldsymbol{B}_j^{\mathrm{T}}\boldsymbol{\sigma}_j \big|_{y',z',r=0} \cdot \Delta A_j \tag{3-44}$$

式中：$\boldsymbol{\sigma}_j$——第 j 个积分点的应力矢量；

$\boldsymbol{B}_j$——第 j 个积分点的几何矩阵。

3.3 算例分析

本章主要介绍退化梁单元在线弹性分析中的应用，主要目的是讨论基于退化理论空间梁单元在进行结构有限元分析时的可行性、准确性和通用性。

3.3.1 不同高跨比简支梁[8]

文献[23]进行了不同高跨比简支梁在跨中集中力和均布力作用下的线弹性分析，本节采用退化梁单元有限元程序对该问题进行了对比分析，分析结果如表3-1所示。

由此算例可以看出，退化梁单元可以用于分析不同高跨比的梁，相比经典Euler-Bernoulli梁单元，其适应范围更宽。

简支梁弯曲的跨中挠度与跨中弯矩　　表3-1

方法	$\frac{L}{h}$	单元数	跨中集中荷载		均布荷载	
			$\frac{w_{L/2}EI}{PL^3}$	$\frac{M_{L/2}}{PL}$	$\frac{w_{L/2}EI}{qL^4}$	$\frac{M_{L/2}}{qL^2}$
样条有限元[23]	5	4	0.022 46	0.219 28	0.013 93	0.124 97
		12	0.022 33	0.237 42	0.013 75	0.123 67
		24	0.022 48	0.243 72	0.013 84	0.124 31
退化梁单元	5	10	0.022 83	0.250 11	0.013 94	0.123 75
样条有限元[23]	10	4	0.021 15	0.216 66	0.013 25	0.124 88
		12	0.020 33	0.231 71	0.012 02	0.120 04
		24	0.020 79	0.240 83	0.012 92	0.122 41
退化梁单元	10	10	0.021 33	0.250 01	0.013 19	0.123 74
样条有限元[23]	20	4	0.020 72	0.210 86	0.013 06	0.124 53
		12	0.017 74	0.212 98	0.010 96	0.108 07
		24	0.019 15	0.230 27	0.011 89	0.115 46
退化梁单元	20	10	0.020 96	0.249 95	0.013 01	0.123 64
浅梁解			0.020 83	0.250 00	0.013 02	0.125 00

注：L为跨度；h为梁高；EI为抗弯刚度；P为跨中集中荷载大小；q为均布荷载集度；$w_{L/2}$为跨中挠度；$M_{L/2}$为跨中弯矩。

3.3.2 钢骨混凝土组合梁[8]

文献[24]分析了一片钢骨混凝土组合梁，梁长24m，全梁高1.95m，钢梁用上翼缘为350mm×16mm、腹板为1 550mm×10mm和下翼缘为380mm×20mm的三块钢板焊接而成，其横截面尺寸如图3-2所示。混凝土的弹性模量为3.65×10^4MPa，钢的弹性模量为2.058×10^5MPa，竖向车辆荷载简化为均布荷载，按25.6kN/m计算，用本文程序进行分析，并与理论计算结果进行了比较。

进行程序分析得到的挠度值、应力值与理论计算值的比较如图3-3～图3-5

所示。可以看出，基于退化理论的空间梁单元在分析由多种材料组成的组合梁上能够得到很好的结果。

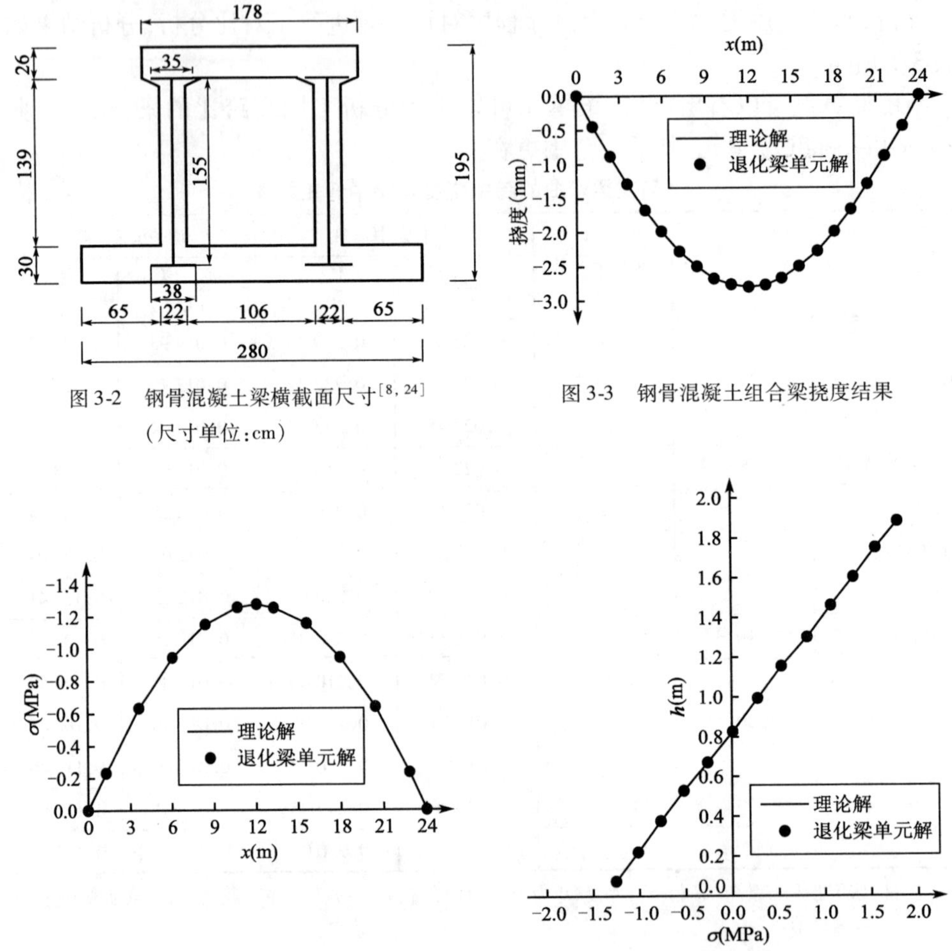

图 3-2 钢骨混凝土梁横截面尺寸[8, 24]（尺寸单位：cm）

图 3-3 钢骨混凝土组合梁挠度结果

图 3-4 梁顶混凝土压应力

图 3-5 跨中截面混凝土应力分布

3.3.3 高速铁路大跨度钢管混凝土劲性骨架拱桥[18]

某大跨度高速铁路钢筋混凝土拱桥，主拱圈采用钢管混凝土劲性骨架结构，单箱三室截面，中心跨度 445m，矢高 100m，矢跨比为 1/4.45，立面为悬链线，拱轴系数 2.0。钢骨架采用 Q370q 钢材，混凝土采用 C60 混凝土。设计运行速度 350km/h。该桥总体布置图如图 3-6 所示。劲性骨架和钢筋混凝土拱圈典型断面如图 3-7 所示。

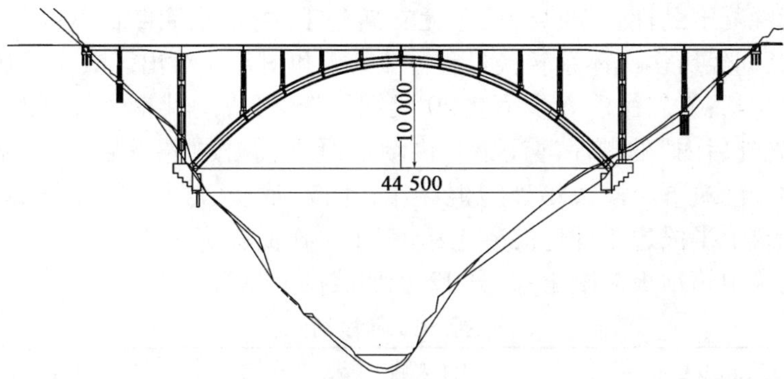

图 3-6　高速铁路大跨度拱桥总体布置(尺寸单位:cm)

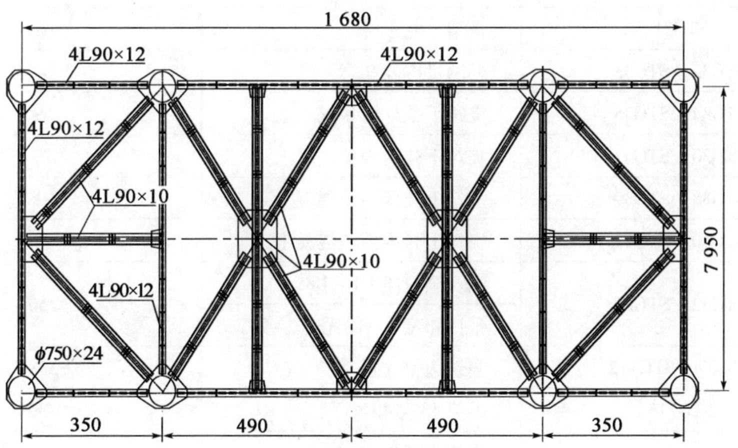

a)等宽段骨架截面

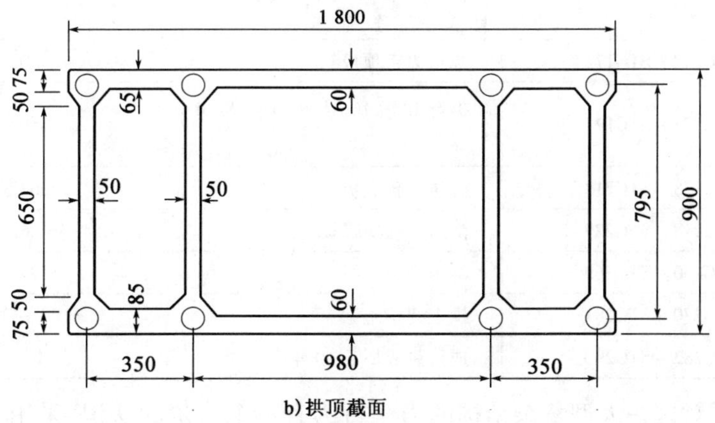

b)拱顶截面

图 3-7　典型断面(尺寸单位:cm)

钢管混凝土劲性骨架拱桥属于无支架施工拱桥，拱圈断面的强度和刚度逐步形成，其间经历多次体系转换过程。表3-2和图3-8给出了其主要施工流程。主要工序包括：①斜吊法逐步吊装20段钢骨架，形成劲性钢骨架拱肋；②按“先下后上，先外后内”的顺序灌注钢管内填混凝土；③按“先下后上”的顺序，分8个节段逐步浇筑下半段边箱外包混凝土；④按“底板、腹板、顶板”的顺序，两个工作面浇筑上半段边箱外包混凝土；⑤三个工作面浇筑中箱底板混凝土；⑥三个工作面浇筑中箱顶板混凝土；⑦分12步加载拱上建筑自重。

主要施工阶段划分 表3-2

施工阶段号	主要施工阶段	总时间(d)
STG1 ~ STG30	吊装钢骨架1 ~ 20	60
STG31	骨架合龙	61
STG32 ~ STG33	分两批拆除扣索	63
STG34 ~ STG35	浇筑下弦外内填混凝土	69
STG36 ~ STG37	浇筑下弦内内填混凝土	75
STG38 ~ STG39	浇筑上弦外内填混凝土	81
STG40 ~ STG41	浇筑上弦内内填混凝土	87
STG42 ~ STG86	浇筑全包段 U1 ~ U8	260
	张拉扣索1 ~ 13号	
STG87 ~ STG112	浇筑边箱底板	338
STG113	拆除13号扣索	339
STG114 ~ STG146	浇筑边腹板	424
	拆除扣索12号、11号、9号、5号、3号、1号	
STG147 ~ STG172	浇筑边箱顶板	502
STG173 ~ STG177	拆除扣索10号、8号、6号、4号、2号	507
STG178 ~ STG217	浇筑中箱底板	627
STG218 ~ STG229	浇筑中箱横隔板	663
STG230 ~ STG269	浇筑中箱顶板	783
STG270 ~ STG281	拱上建筑施工	1 143
STG282 ~ STG290	成桥 ~ 成桥后10年	4 788

为了对这一大型复杂结构的力学行为有一个清楚的认识，采用了两种有限元模型对其进行分析计算：

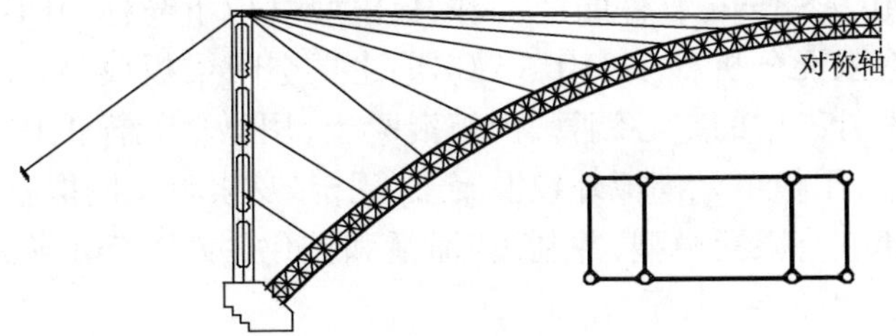

a)吊装钢管骨架

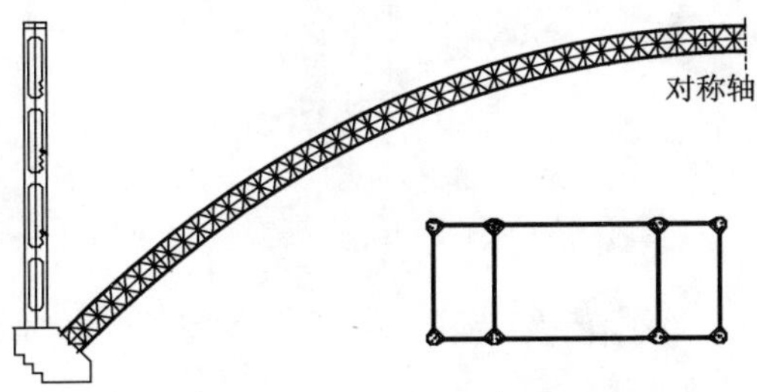

b)钢管骨架合龙后灌注管内混凝土

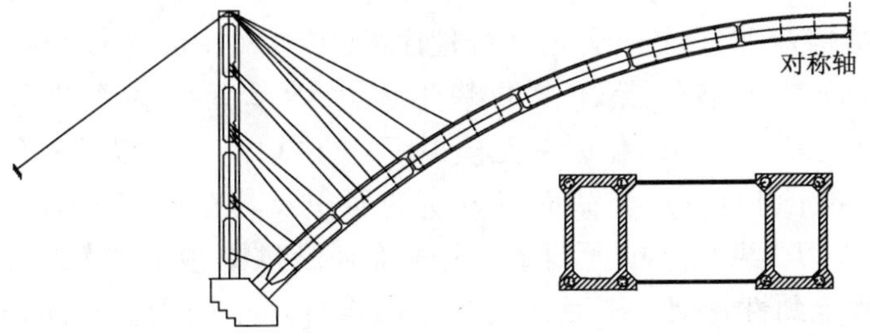

c)外包拱肋边箱混凝土

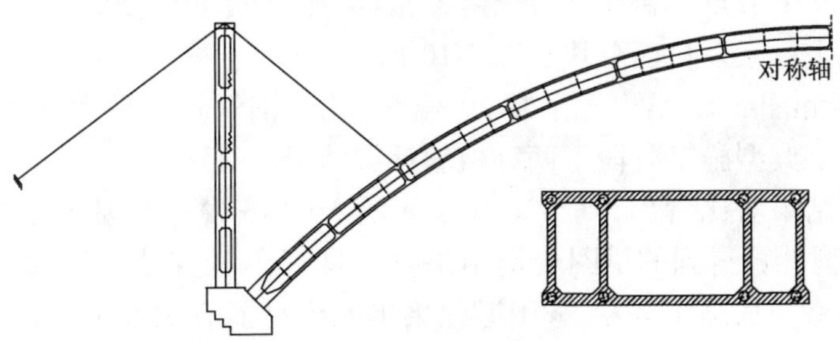

d)外包拱肋中箱混凝土

图3-8　主要施工流程

(1)基于 MIDAS Civil 软件的“空间梁板模型”(以下简称“MIDAS 模型”)

采用通用有限元分析程序 MIDAS Civil 建立空间梁板模型,用共节点空间梁单元模拟劲性骨架中的空心钢管、内填混凝土,用梁单元模拟撑杆连接系、拱上立柱以及主梁,用板单元模拟外包混凝土,用桁架/索单元模拟施工辅助扣索,按设计施工图建立有限元模型,并利用“激活和钝化”技术实现施工阶段过程模拟。其模型示意如图 3-9 所示。

a)全桥模型

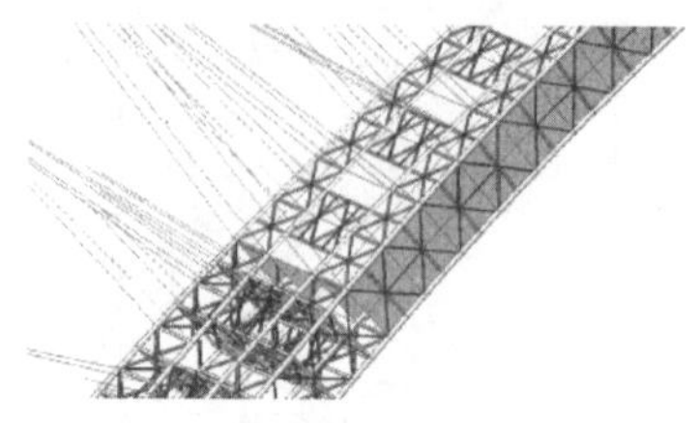

b)拱圈局部模型(外包混凝土阶段)

图 3-9　MIDAS 模型

(2)基于 CSBNLA 程序的“空间退化梁模型”(以下简称“CSBNLA 模型”)

混凝土结构双非线性有限元分析程序 CSBNLA(Concrete Structure Bi-Non-Linear Analysis)是本书作者开发的基于退化梁单元的大型有限元分析程序[8,9]。该模型采用空间退化梁单元模拟钢管、内填混凝土以及外包混凝土,并利用“退化梁单元可自行定义截面各分块的面积及其在局部坐标系中的坐标”的优势,将三者以“共节点单元”的方式连接到沿拱圈顶面中轴线建立的节点上。模型中假定劲性骨架上下弦在与各横向撑杆连接处均能共同作用,忽略了撑杆连接系对结构刚度的影响而仅作为荷载加载在结构上。CSBNLA 有限元模型共建立 189 个节点、4 980 个退化梁单元、46 个杆索单元、290 个施工阶段。其退化梁单元坐标系及截面分块如图 3-10 所示。

图 3-11 和图 3-12 给出了吊装 20 号钢骨架(钢管骨架最大悬臂状态)以及拱圈形成两个典型施工阶段下两种模型计算结果的对比。

从计算结果对比看出,基于梁板单元的 MIDAS 模型与基于退化梁单元的 CSBNLA 模型计算得到的拱圈变形结果吻合良好,只是在拱圈 1/4 跨截面附近出现少量偏差。从总体上看,采用退化梁单元模型能有效地模拟截面分多次形成,结构存在多次体系转换的复杂结构,且相比梁板单元模型,其计算效率得到提高。

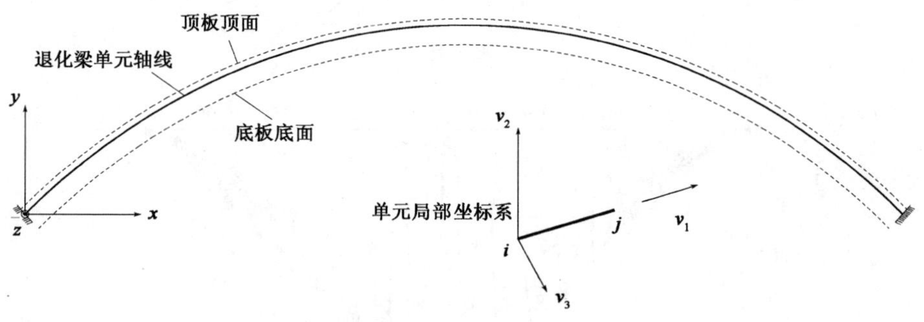

a)全桥模型节点及坐标系示意

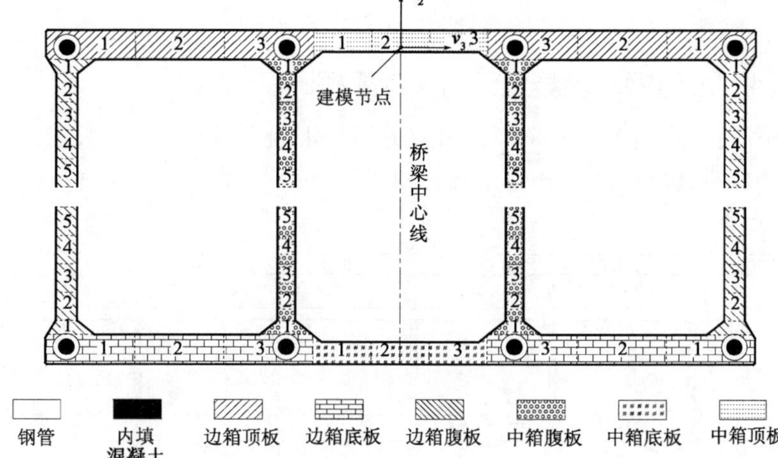

b)截面分块示意

图 3-10 CSBNLA 模型

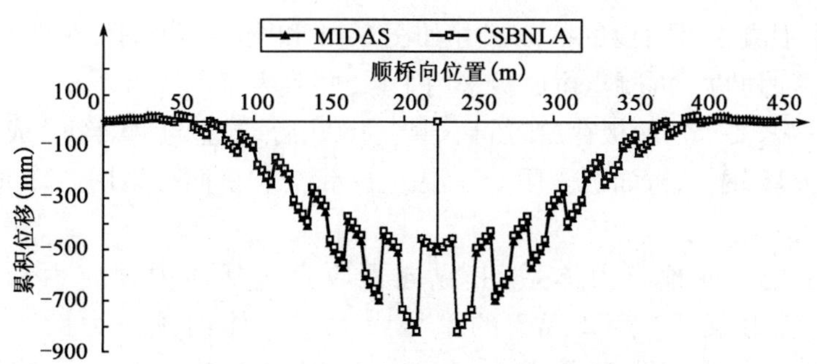

图 3-11 吊装 20 号钢管骨架(钢管骨架最大悬臂)阶段全桥累加位移

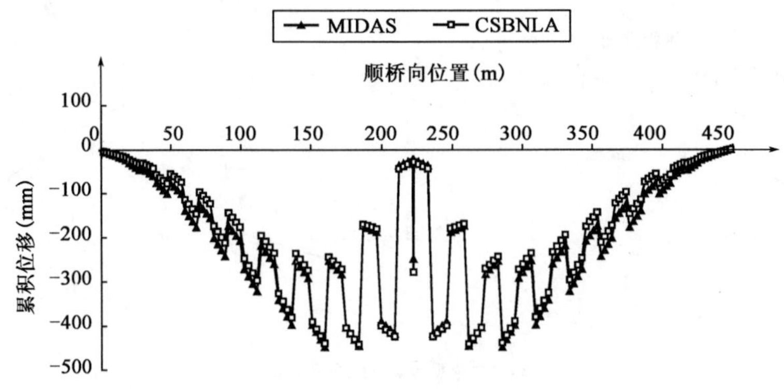

图 3-12 拱圈形成阶段全桥累加位移

3.3.4 公路钢—混凝土组合连续梁桥[20]

某跨海大桥采用多联 6×80m 预应力钢—混凝土连续组合梁,在设计计算时选取其中一联进行分析,其桥型布置图如图 3-13 所示。

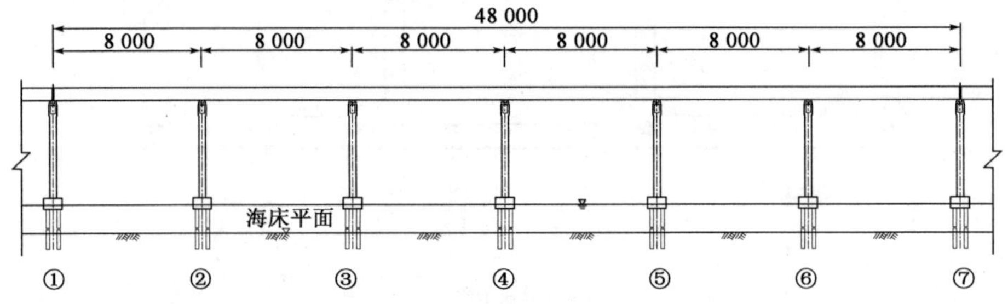

图 3-13 桥型布置图(尺寸单位:cm)

钢梁和混凝土桥面板的截面尺寸如图 3-14 和图 3-15 所示,在钢梁腹板和底板均设置了加劲肋。混凝土桥面板采用工厂预制,为了消除混凝土收缩徐变对结构的不利影响,要求桥面板存放时间不少于 180d 后,方能与钢梁组合成整体结构。钢梁采用 Q345 钢材,桥面板采用 C60 混凝土,钢梁和桥面板采用 ϕ22mm×200mm 剪力钉连接。

该桥采用双向预应力体系,其纵向预应力包括体内预应力和体外预应力,体外预应力束 W1、W2、W3 的型号为 15-27;体内预应力束 T1、T2 的型号为 15-12。体外束张拉控制应力为 1 209MPa,体内束张拉控制应力为 1 395MPa。

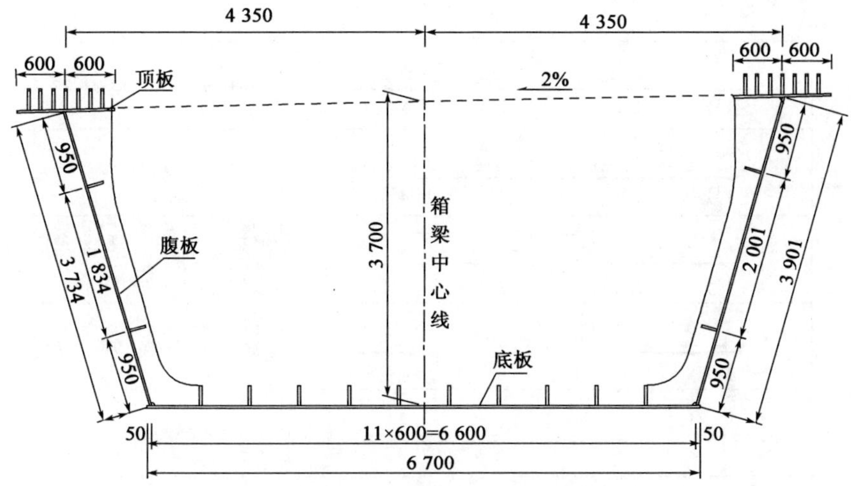

图 3-14　钢梁截面尺寸(尺寸单位:mm)

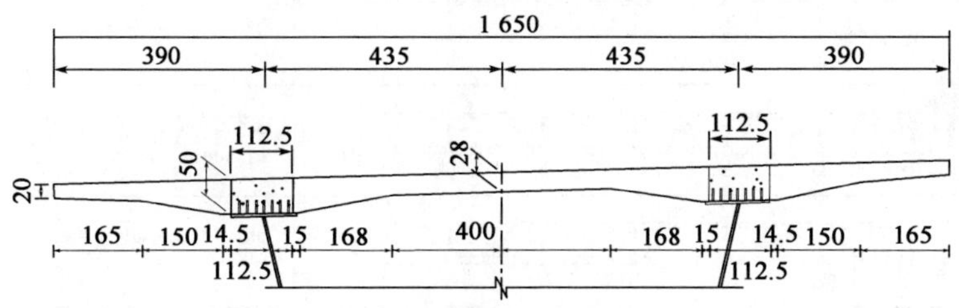

图 3-15　混凝土桥面板截面尺寸(尺寸单位:cm)

该桥的施工过程如图 3-16 所示:

(1)将钢梁在台座上拼装连接。

(2)对钢梁进行顶升。

(3)铺设正弯矩区预制混凝土桥面板。

(4)回落顶升千斤顶,并拆除支撑,完成一孔钢箱叠合梁的工厂预制。

(5)施工基础与桥墩。

(6)整孔吊装钢箱叠合梁,将其置于墩顶临时支座上,完成墩顶钢梁的连接。

(7)浇筑底板混凝土和墩顶实心段混凝土。

(8)顶升 4 号桥墩顶钢箱梁,浇筑湿接缝,待达到强度标准值的 90% 以上张拉预应力钢束。

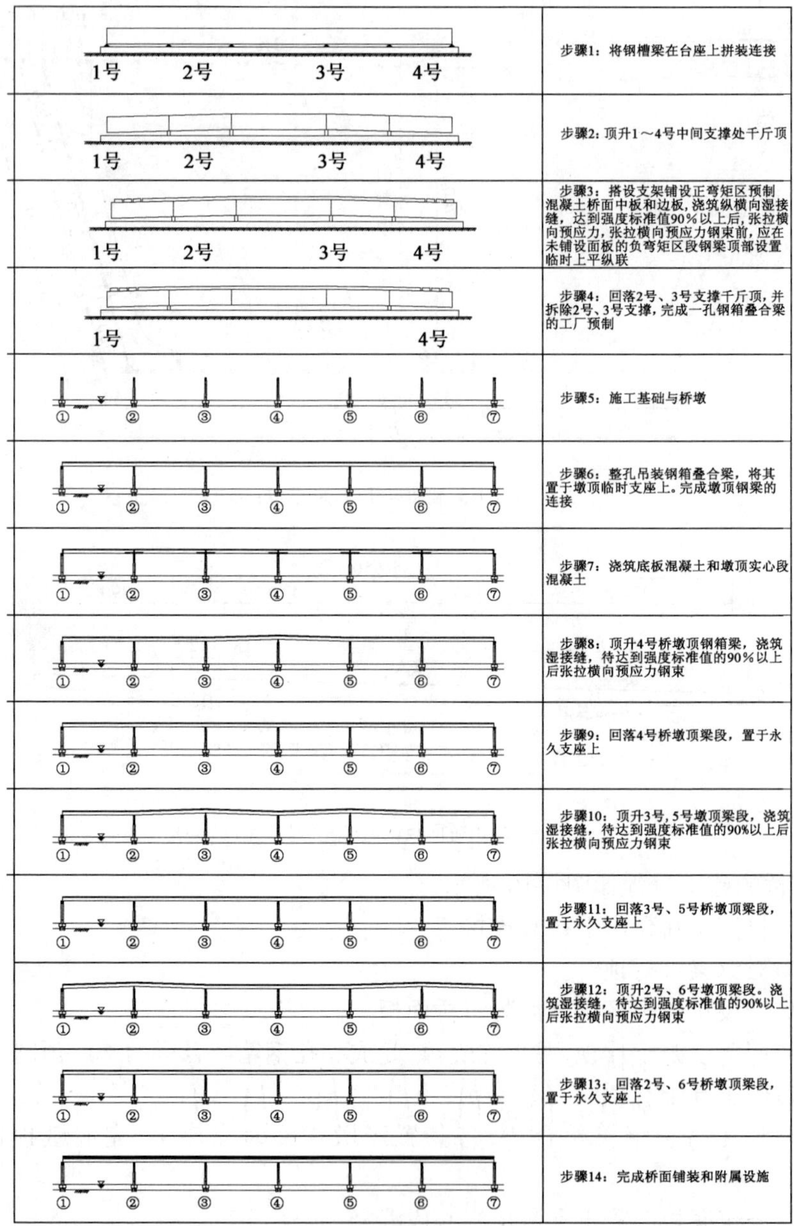

图 3-16　钢—混凝土组合连续梁施工过程

(9)回落4号桥墩顶梁段,置于永久支座上。

(10)顶升3号、5号桥墩顶钢箱梁,浇筑湿接缝,待达到强度标准值的90%以上张拉预应力钢束。

(11)回落3号、5号桥墩顶梁段,置于永久支座上。

(12)顶升2号、6号桥墩顶钢箱梁,浇筑湿接缝,待达到强度标准值的90%以上张拉预应力钢束。

(13)回落2号、6号桥墩顶梁段,置于永久支座上。

(14)完成桥面铺装和附属设施。

采用MIDAS Civil和CSBNLA[20]进行该桥弹性静力分析。在用MIDAS建立模型时,利用联合截面来模拟组合梁的钢梁和混凝土桥面板,这种方法忽略了钢梁和混凝土板之间的相对滑移,认为他们之间是完全连接的。在采用退化梁单元程序CSBNLA计算时,采用共节点单元来模拟钢梁和混凝土桥面板,这种思路产生的计算效果与MIDAS Civil联合截面应该是一致的。图3-17给出了第二跨跨中挠度随施工过程变化的计算结果,图3-18给出了张拉完预应力后全桥挠度计算结果,可以看出,两种建模方式计算结果吻合良好。

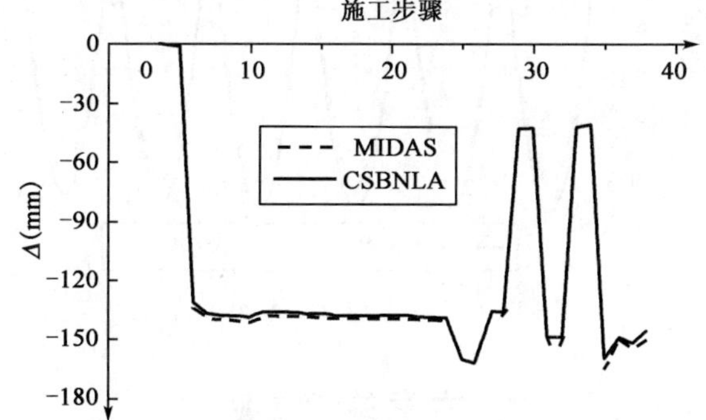

图3-17　第二跨跨中挠度

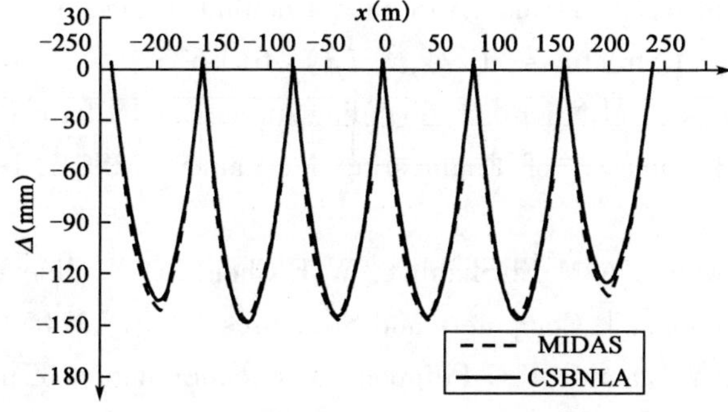

图3-18　张拉预应力完成后全桥挠度图

事实上，对于钢—混凝土组合梁，钢梁与混凝土板之间必然存在相对滑移。为了考虑滑移效应，可以在钢梁单元与混凝土单元之间插入弹簧单元来模拟滑移效应，如图3-19所示。图3-20给出了考虑滑移效应与不考虑滑移效应，施加二期恒载成桥后全桥挠度计算结果对比。可以看出，不考虑滑移效应会在一定程度上高估结构的刚度。

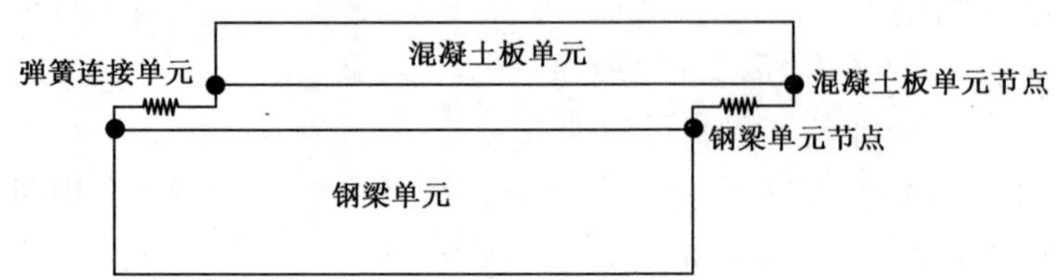

图3-19 考虑滑移效应的钢—混凝土组合梁有限元模型

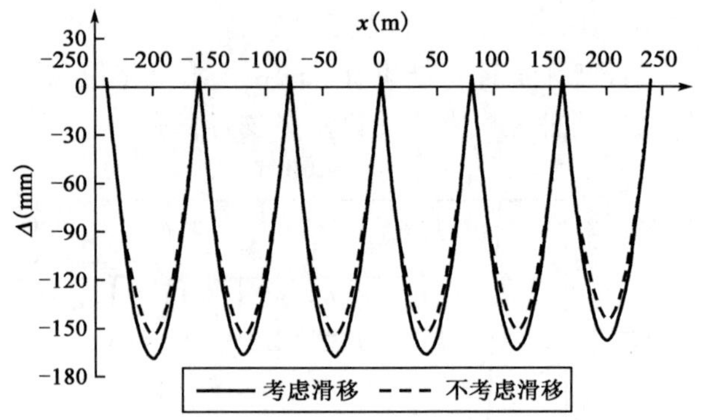

图3-20 滑移效应对成桥挠度的影响

本章参考文献

[1] H A S Rasheed, K S Dinno. An efficient nonlinear analysis of RC sections[J]. Computers and Structures, 1994, 53(3): 613-623.

[2] M G Sfakianakis, M N Fardis. Bounding surface model for cyclic bending of RC sections[J]. Journal of Engineering Mechanics, ASCE, 1991, 117(12): 2748-2469.

[3] S E El-Metwally, A M El-Shahhat, W F Chen. 3D Nonlinear analysis of R/C slender columns[J]. Computers and Structures, 1990, 37(5): 863-872.

[4] E Spacone, V Ciampi, F C Filippou. Mixed formulation of nonlinear beam finite element[J]. Computers and Structures, 1996, 58(1): 71-83.

[5] Worsak Kanok-Nukulchai. A simple and efficient finite element for general shell analysis[J]. International Journal For Numerical Methods in Engineering, 1979, 14: 179-120.

[6] 向天宇,预应力高强混凝土箱形连续梁结构行为的非线性分析[D]. 成都:西南交通大学,2002.

[7] Haibo Liu, Tianyu Xiang, Renda Zhao, Research on nonlinear structural behaviors of prestressed concrete beams made of high strength and steel-fiber reinforced concretes[J]. Construction and Building Materials, 2009, 23: 85-95.

[8] 童育强. 混凝土结构非线性有限元分析及软件设计[D]. 成都:西南交通大学,2004.

[9] Tianyu Xiang, Yuqiang Tong, Renda Zhao, A general and versatile nonlinear analysis program for concrete bridge structure[J]. Advances in Engineering Software, 2005,(36):681-690.

[10] 童育强,向天宇,赵人达. 基于退化理论的空间梁单元有限元分析[J]. 工程力学,2006,23(1):33-37.

[11] 向天宇,童育强,赵人达. 基于退化梁单元的混凝土结构徐变分析[J]. 工程力学,2006,23(4):140-143.

[12] 占玉林,向天宇,赵人达. 几何非线性结构的徐变效应分析[J]. 工程力学,2006,23(7):45-48.

[13] 徐腾飞. 钢管混凝土非线性稳定承载力与可靠度研究[D]. 成都:西南交通大学,2010.

[14] Tengfei Xu, Tianyu Xiang, Renda Zhao. Nonlinear finite element analysis of circular concrete-filled steel tube structures[J]. Structural Engineering and Mechanics, 2010,35(3) : 315-334.

[15] 徐腾飞,赵人达,向天宇,等. 钢管混凝土高墩非线性稳定承载能力可靠度分析[J]. 土木建筑与环境工程,2010,32(2):60-63.

[16] Gangyun Zhao, Tianyu Xiang, Tengfei Xu ,Yulin Zhan. Probabilistic analysis about shrinkage and creep effect of continuous steel-concrete composite beams with LHS[J]. Applied Mechanics and Materials, 2011, 90-93: 1049-1053.

[17] 江科. 特大跨度钢管混凝土劲性骨架拱桥收缩徐变响应分析[D]. 成都:西南交通大学,2012.

[18] 吴小亮. 特大跨度钢管混凝土劲性骨架拱桥非线性行为分析[D]. 成都:西南交通大学,2012.

[19] 马坤. 大跨度钢管混凝土劲性骨架拱桥收缩徐变效应随机研究[D]. 成都:西南交通大学,2012.

[20] 赵刚云. 钢—混凝土组合梁非线性力学性能分析[D]. 成都:西南交通大学,2012.

[21] 马坤,向天宇,赵人达,等. 高速铁路钢筋混凝土拱桥长期变形的随机分析[J]. 土木工程学报,2012,45(11):141-146.

[22] 马坤,向天宇,徐腾飞,等. 收缩徐变对高速铁路钢筋混凝土拱桥时变应力影响的概率分析[J]. 铁道学报,2013,35(9):94-99.

[23] 沈鹏程. 结构分析中的样条有限元法[M]. 北京:水利电力出版社,1992.

[24] 毛学明. 铁路预弯组合梁力学性能的研究及其设计软件的初步开发[D]. 成都:西南交通大学,2002.

第4章 混凝土结构和组合结构的材料非线性有限元分析

4.1 前 言

退化梁单元在形成单元刚度矩阵和计算节点内力时采用了分块积分技术，因此，对于不同的分块赋予不同的材料特性，可以方便地处理混凝土和钢材的材料非线性行为。本章将对这一问题开展详细讨论。

对于绝大多数的建筑工程和桥梁工程中的梁系结构，结构的非线性主要由正应力引起。因而，本章首先讨论了混凝土单轴应力—应变关系模型。同时，对于组合结构中的钢管混凝土，管内混凝土受钢管的套箍作用，处于三向约束状态，其抗压强度和延性均会得到提高，在本章中对受钢管约束的核心混凝土的单轴应力—应变关系也进行了较为详细的介绍。

其次，当材料的应力—应变关系不满足胡克定律时，有限元方程不再是一个线性方程组，需要采用迭代求解技术。本章将介绍在非线性有限元分析中常用的牛顿—拉菲逊迭代算法。对于另外一种常用的非线性有限元数值算法——弧长法，将在第五章中详细讨论。

最后，本章给出了基于退化梁单元的钢筋混凝土结构和钢—混凝土组合结构的材料非线性有限元分析的算例研究。这些算例可供相关科研工作人员和工程技术人员在开展相关类似研究时使用。

4.2 混凝土和钢材的单轴应力—应变关系

4.2.1 混凝土单轴受压应力—应变关系的特点

混凝土是水泥砂浆和粗集料拌和后硬化形成的一种人工合成材料。在水泥水化过程中，在集料与水泥砂浆之间以及水泥砂浆内部形成大量细观尺度的初始微裂缝。这些初始微裂缝是导致混凝土表现出种种复杂力学行为的根本原因。

在单轴受压下,混凝土的典型应力—应变关系如图 4-1 所示。从图中可以看出,在单轴受压下,混凝土的应力—应变关系表现出明显的非线性行为。这种非线性行为与混凝土内部初始缺陷的变化与发展是密切相关的。当应力水平小于混凝土抗压强度的 30% 时,混凝土的应力—应变关系表现为线弹性关系,此时混凝土内部的微裂缝结构未发生任何改变。进一步增加应力,当应力水平达到混凝土抗压强度的 30% ~50% 时,混凝土的应力—应变关系表现为弱非线性关系,但基本上还是满足胡克定律。在这一阶段,水泥浆体与粗集料之间的界面微裂缝开始扩展。当应力增加至混凝土抗压强度的 50% ~75% 时,混凝土应力—应变关系表现出较强的非线性行为,界面裂缝与砂浆裂缝开始汇集,形成宏观可见裂缝。当应力高于混凝土抗压强度的 75% 时,裂缝进入失稳扩展阶段。在这一阶段,即便应力水平低于极限抗压强度,如果维持应力的持续作用,混凝土也可能出现突然破坏。达到峰值应力后,与一般的金属材料不同,混凝土不会出现塑性流动或者塑性强化,如果在此时增加应变,就会出现如图 4-1 所示的软化段(下降段)[1]。

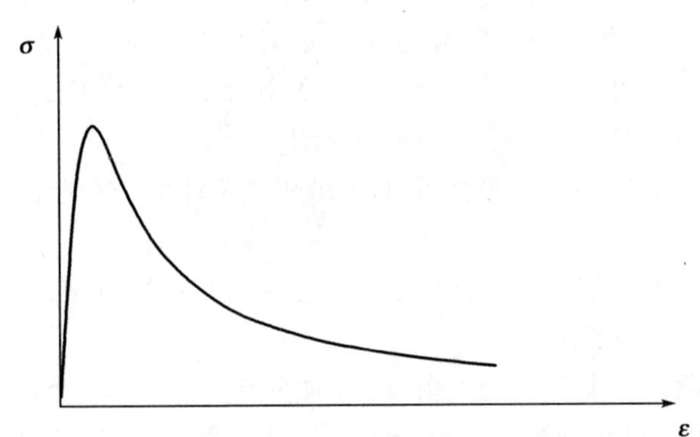

图 4-1　混凝土单轴受压典型应力—应变关系

影响混凝土单轴受压的应力—应变关系的因素有很多,其中,混凝土强度是最主要因素之一。混凝土强度对单轴受压的应力—应变关系表现在以下几个方面。

首先,随着混凝土强度的提高,混凝土的初始弹性模量也随着增加。表 4-1 列出了几种不同的规范或者协会给出的由混凝土强度计算混凝土初始弹性模量的公式。

同时,如图 4-2 所示,混凝土强度对混凝土单轴受压应力—应变关系的影响还体现在,随着混凝土强度的提高,应力—应变关系曲线的上升段和下降段均变得越来越陡峭,应力—应变关系越接近线性。

混凝土的弹性模量　　表4-1

规范名称	弹性模量计算公式	备注
中国《混凝土结构设计规范》(GB 50010—2010)	$E_c=\frac{10^5}{2.2+34.74/f_{cu,k}}$	单位:MPa。其中,$f_{cu,k}$代表立方体抗压强度标准值
ACI318	$E_c=0.043\rho^{1.5}\sqrt{f'_c}$	混凝土强度和弹性模量单位为MPa。ρ为混凝土密度,单位为kg/m^3。适用于普通强度混凝土
ACI363	$E_c=(3\,320\sqrt{f'_c}+6\,900)\cdot\left(\frac{\rho}{2\,320}\right)^{1.5}$	符号单位与ACI318相同。适用于高强度混凝土
CEB90	$E_c=2.15\times10^4\left[\frac{f_{ck}+8}{10}\right]^{\frac{1}{3}}$	单位:MPa。其中,f_{ck}代表圆柱体抗压强度标准值

在单轴受压下,混凝土的泊松比随压应力的变化如图4-3所示。可以发现,当压应力小于混凝土抗压强度的0.8倍时,混凝土泊松比基本保持不变。当混凝土压应力超过抗压强度的0.8倍,泊松比开始迅速增大,到混凝土压溃时,泊松比达到0.4左右[1]。

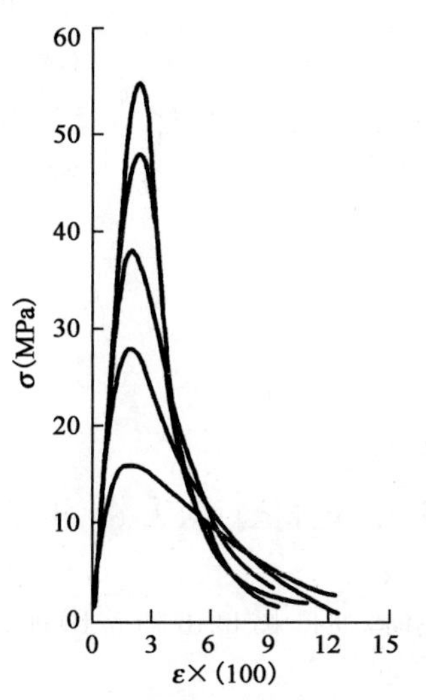

图4-2　不同强度混凝土的单轴受压应力—应变关系曲线[1]

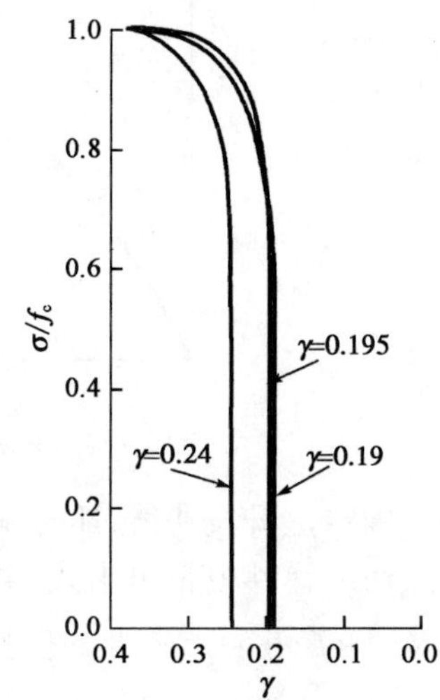

图4-3　单轴受压下混凝土的泊松比[1]

混凝土的单轴抗拉强度要远小于其单轴抗压强度。一般认为,单轴抗拉强度为抗压强度的1/10~1/20。随着混凝土强度的提高,抗拉强度与抗压强度的比值越来越小。混凝土在单轴受拉的应力—应变关系曲线与单轴受压的应力—应变关系曲线相似。在数值计算时,可以把混凝土单轴受拉假设为弹脆性材料,即拉应变小于混凝土极限抗拉应变时,混凝土为弹性材料,当拉应变超过极限抗拉应变时,混凝土开裂,不再承受拉应力。

4.2.2 普通混凝土受压单轴应力—应变关系模型

关于混凝土在单轴受压应力—应变关系的数学描述,在过去的数十年中,国内外学者开展了大量的研究工作,提出了不同的数学模型。本书只介绍其中几种具有代表性的模型。

1) Hongnestad 模型

Hongnestad 模型是应用较为广泛的一种描述混凝土单轴受压应力—应变关系的数学模型。如图 4-4 所示,该模型采用二次抛物线描述应力—应变关系曲线的上升段,采用斜直线描述应力—应变关系曲线的下降段,具体表达式如下

$$\left.\begin{aligned} \sigma &= \sigma_0\left[2\left(\frac{\varepsilon}{\varepsilon_0}\right)-\left(\frac{\varepsilon}{\varepsilon_0}\right)^2\right],\text{当 } 0 \leqslant \varepsilon \leqslant \varepsilon_0 \\ \sigma &= \sigma_0\left[1-0.15\left(\frac{\varepsilon-\varepsilon_0}{\varepsilon_u-\varepsilon_0}\right)\right],\text{当 } \varepsilon_0 \leqslant \varepsilon \leqslant \varepsilon_u \end{aligned}\right\} \tag{4-1}$$

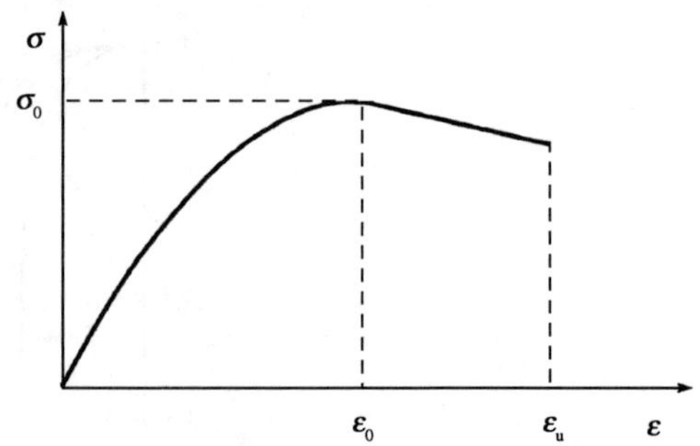

图 4-4 Hongnestad 模型

为了确定上升段曲线,Hongnestad 模型需要已知峰值点应力 σ_0 和应变 ε_0。

原点切线弹性模量可由式(4-2)求得

$$E_0 = \left.\frac{\mathrm{d}\sigma}{\mathrm{d}\varepsilon}\right|_{\varepsilon=0} = 2\frac{\sigma_0}{\varepsilon_0} \tag{4-2}$$

由式(4-2)可知,Hongnestad 模型的原点切线弹性模量是峰值点处割线弹性模量的 2 倍。因而,对于峰值点应力 σ_0、峰值点应变 ε_0 以及原点切线弹性模量 E_0,只要已知其中任意两个参数,即可由式(4-2)求得另外一个参数。

对于下降段曲线,除了需要知道峰值点应力 σ_0 和应变 ε_0 外,还需要知道混

凝土极限压应变 ε_u,这一参数的一般建议取值为0.003 ~0.003 8。

2)Sazen 模型

Sazen 模型采用一个统一的函数来描述混凝土单轴受压应力—应变关系的全过程曲线,具体表达式为

$$\sigma = \frac{E_0\varepsilon}{1 + \left(\frac{E_0}{E_s} - 2\right)\frac{\varepsilon}{\varepsilon_0} + \left(\frac{\varepsilon}{\varepsilon_0}\right)^2} \tag{4-3}$$

式中:ε_0——应力峰值点对应应变;

E_0——原点切线弹性模量;

E_s——峰值点处割线弹性模量。

Sazen 模型描述的应力—应变关系曲线的形状如图4-5 所示。

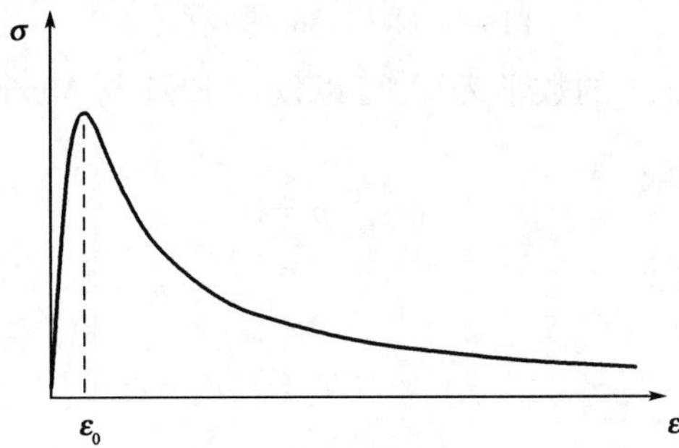

图4-5 Sazen 模型

对式(4-3)进行简单的数学运算,不难发现 Sazen 模型自然满足以下3 个条件

$$\left.\begin{aligned} &\text{当 } \varepsilon = 0 \text{ 时} && \sigma = 0 \\ &\text{当 } \varepsilon = 0 \text{ 时} && \left.\frac{d\sigma}{d\varepsilon}\right|_{\varepsilon=0} = E_0 \\ &\text{当 } \varepsilon = \varepsilon_0 \text{ 时} && \sigma = E_s\varepsilon_0 = \sigma_0 \end{aligned}\right\} \tag{4-4}$$

3)Elwi 与 Muarry 模型

Sazen 模型虽然用一个统一的函数描述了混凝土单轴受压应力—应变关系曲线的上升段和下降段,但是,其下降段曲线的下降速度完全由上升段曲线参数决定。为了改善对下降段曲线的描述,Elwi 与 Muarry 提出了如下改进模型

$$\sigma = \frac{E_0\varepsilon}{1 + \left(R + \frac{E_0}{E_s} - 2\right)\frac{\varepsilon}{\varepsilon_0} - (2R - 1)\left(\frac{\varepsilon}{\varepsilon_0}\right)^2 + R\left(\frac{\varepsilon}{\varepsilon_0}\right)^3} \tag{4-5}$$

其中

$$R = \frac{E_0(\sigma_0/\sigma_u - 1)}{E_s(\varepsilon_u/\varepsilon_0 - 1)^2} - \frac{\varepsilon_0}{\varepsilon_u} \tag{4-6}$$

式(4-6)中,参数 σ_u 和 ε_u 的物理意义如图 4-6 所示。

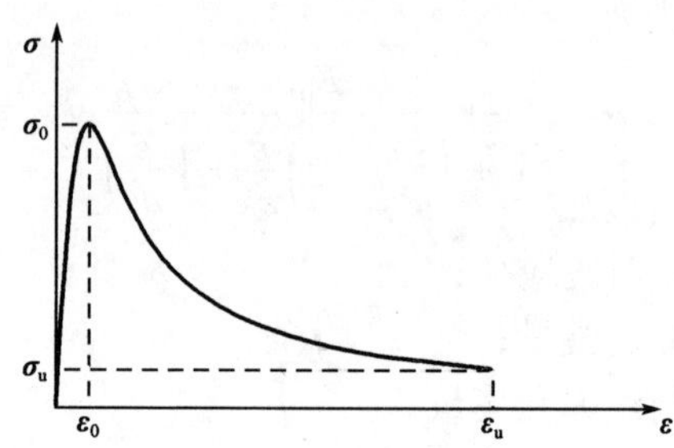

图 4-6　Elwi 与 Muarry 模型

对式(4-5)进行简单的数学运算,可以发现 Elwi 与 Muarry 模型自然满足以下 5 个条件

$$\left.\begin{aligned}
&\text{当 } \varepsilon = 0 \text{ 时} && \sigma = 0 \\
&\text{当 } \varepsilon = 0 \text{ 时} && \left.\frac{d\sigma}{d\varepsilon}\right|_{\varepsilon=0} = E_0 \\
&\text{当 } \varepsilon = \varepsilon_0 \text{ 时} && \sigma = E_s\varepsilon_0 = \sigma_0 \\
&\text{当 } \varepsilon = \varepsilon_0 \text{ 时} && \left.\frac{d\sigma}{d\varepsilon}\right|_{\varepsilon=\varepsilon_0} = 0 \\
&\text{当 } \varepsilon = \varepsilon_u \text{ 时} && \sigma = \sigma_u
\end{aligned}\right\} \tag{4-7}$$

4) Shah 与 Ahmad 模型

Shah 和 Ahmad 提出了一个分段公式来描述混凝土单轴受压下的应力—应变关系,具体表达式如下

$$\left.\begin{aligned}
\sigma &= \sigma_0\left[1 - \left(1 - \frac{\varepsilon}{\varepsilon_0}\right)^A\right], \text{当 } 0 \leqslant \varepsilon \leqslant \varepsilon_0 \\
\sigma &= \sigma_0 e^{-k(\varepsilon-\varepsilon_0)^{1.15}}, \text{当 } \varepsilon > \varepsilon_0
\end{aligned}\right\} \tag{4-8}$$

其中,参数 A、k 和 ε_0 的表达式为

$$\left.\begin{aligned}
A &= E_0\frac{\varepsilon_0}{\sigma_0} \\
k &= 24.66\sigma_0 \\
\varepsilon_0 &= 1.648 \times 10^{-3} + 1.655 \times 10^{-5}\sigma_0
\end{aligned}\right\} \tag{4-9}$$

式(4-9)中，σ_0 的单位为 MPa。

Shah 和 Ahmad 模型描述的混凝土单轴受压的应力—应变关系曲线形状如图 4-7 所示。

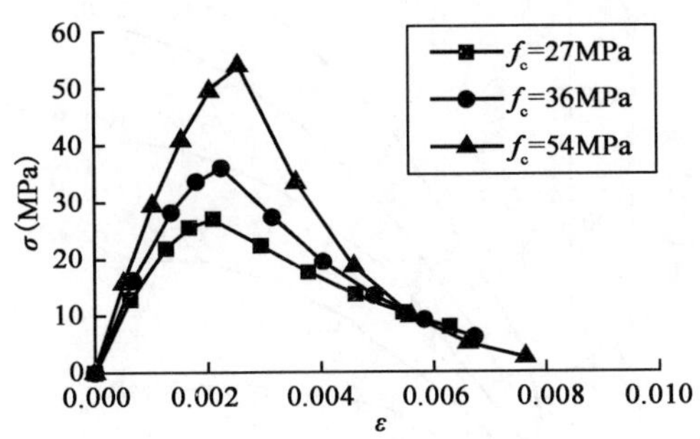

图 4-7　Shah 与 Ahmad 模型

4.2.3　受钢管约束混凝土受压单轴应力—应变关系模型

钢管混凝土结构是在型钢混凝土结构、螺旋配筋钢筋混凝土结构和钢结构的基础上演变和发展起来的。1879 年的英国赛文铁路桥桥墩为世界上最早采用钢管混凝土的工程。1897 年，美国人 John Lally 首次在圆钢管中填充混凝土作为房屋建筑的承重柱。随后，钢管混凝土又被作为单层或多层工业厂房的结构柱。我国于 1963 年在北京地铁站工程中首次采用了钢管混凝土柱，从而开始了此类组合结构的研究。目前钢管混凝土越来越广泛应用于工业厂房、设备构架柱、各种支架、地铁站台柱、送变电杆塔、桁架压杆、桩、空间结构、高层和超高层建筑以及桥梁结构中，已取得良好的经济效益与建筑效果。

钢管混凝土作为新型的钢—混凝土组合结构，其优点主要体现在以下几个方面：

(1)钢管可以作为浇筑核心混凝土的模板使用，有利于加快施工进度和节约模板成本。

(2)核心混凝土改善了薄壁钢管稳定性较差的缺点。

(3)由于核心混凝土受钢管的套箍作用，核心混凝土的抗压强度和延性得到提高，进而改善了结构的整体受力行为。

图 4-8 给出了 Balmer 在 1949 年获得的在侧限应力作用下混凝土受压的应力—应变关系曲线。从图中可以看出，侧限应力的存在，不但大幅度地提高了混凝土的抗压强度，同时也使得混凝土的破坏模式由脆性破坏逐渐过渡到塑性强化破坏。

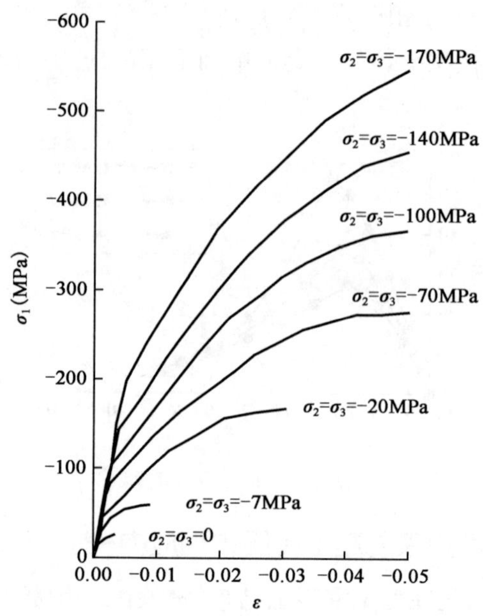

图4-8 侧限压力作用下混凝土受压应力—应变关系曲线[1]

长期以来,国内外学者就受钢管约束的核心混凝土受压应力—应变关系开展了相关的研究工作,取得了大量的研究成果。在本书中,只介绍几种具有典型意义的受钢管约束的核心混凝土受压应力—应变关系模型。

1)韩林海模型[2]

韩林海通过对国内外400余个钢管混凝土轴压短试件试验结果进行整理和试算发现,受圆钢管约束的核心混凝土应力—应变关系曲线的特性主要和约束效应系数ξ有关[ξ为钢管混凝土套箍系数,其定义为$\xi=(A_s f_y)/(A_c f_c)$,其中A_s为钢管面积,A_c为核心混凝土面积,f_c为核心混凝土抗压强度,f_y为钢管抗拉强度]。核心混凝土应力—应变关系的特点主要表现为,ξ值越大,受力过程中钢管对其核心混凝土提供的约束作用越强,随着变形的增加,混凝土应力—应变关系曲线下降段出现得越晚,甚至不出现下降段;反之,ξ值越小,钢管对其核心混凝土的约束作用将越小,则混凝土应力—应变关系曲线的下降段将出现得越早,且下降段的下降趋势随ξ值的减小而逐渐增强。

在韩林海模型中,应力—应变关系曲线的上升段采用Hongnestad方程

$$\sigma=\sigma_0\left[2\frac{\varepsilon}{\varepsilon_0}-\left(\frac{\varepsilon}{\varepsilon_0}\right)^2\right],当\varepsilon\leqslant\varepsilon_0 \tag{4-10}$$

其中,受圆钢管约束的混凝土峰值点应力和应变 σ_0 和 ε_0 可以写为

$$\sigma_0 = f_c\left[1.0 + (-0.054\xi^2 + 0.4\xi)\left(\frac{24}{f_c}\right)^{0.45}\right] \tag{4-11}$$

$$\varepsilon_0 = \varepsilon_c + \left[1\,400 + 800\left(\frac{f_c}{24} - 1\right)\right]\xi^{0.2} \tag{4-12}$$

式中:f_c——普通混凝土圆柱体抗压强度(MPa);

ε_c——普通混凝土的峰值点应力对应应变(με),由式(4-13)计算。

$$\varepsilon_c = 1\,300 + 12.5f_c \tag{4-13}$$

对于应力—应变关系曲线的下降段,韩林海模型采用如下方程表示

$$\sigma = \begin{cases} \sigma_0\left\{1 + q\left[\left(\dfrac{\varepsilon}{\varepsilon_0}\right)^{0.1\xi} - 1\right]\right\} & \xi \geqslant 1.12 \\ \sigma_0 \dfrac{\dfrac{\varepsilon}{\varepsilon_0}}{\beta\left(\dfrac{\varepsilon}{\varepsilon_0} - 1\right)^2 + \dfrac{\varepsilon}{\varepsilon_0}} & \xi < 1.12 \end{cases} ,\text{当 } \varepsilon > \varepsilon_0 \tag{4-14}$$

其中

$$q = \frac{\xi^{0.745}}{2 + \xi} \tag{4-15}$$

$$\beta = (2.36 \times 10^{-5})^{[0.25+(\xi-0.5)^7]} f_c^2 \times 3.51 \times 10^{-4} \tag{4-16}$$

2)陈宝春模型[3]

当钢管混凝土在承受偏心受压作用时,钢管与混凝土之间的套箍作用比较复杂。陈宝春等人进行了偏心受压柱的应力—应变关系试验研究,发现偏心率较小时,套箍力产生较早,发挥得较充分;随着偏心率的增大,套箍效应受到削弱[4]。Hu H. T. 等人利用三维有限元分析也得到了类似的结论[5]。陈宝春等人于2004年提出了一个考虑偏心率影响的圆钢管约束混凝土的受压应力应变关系模型[3]。模型中考虑应力梯度修正后的套箍系数定义为

$$\xi' = k_e\xi \tag{4-17}$$

式中:k_e——应力梯度修正系数,定义为偏心率的函数;

$$k_e = \begin{cases} 1 - e/r_c & e/r_c \leqslant 1.0 \\ 0 & e/r_c > 1.0 \end{cases} \tag{4-18}$$

e/r_c——偏心率。

在引入式(4-17)定义的修正的套箍系数基础上,陈宝春等人给出的圆钢管约束混凝土受压应力—应变关系曲线的上升段函数为

$$\sigma = \sigma_0\left[A\frac{\varepsilon}{\varepsilon_0} - B\left(\frac{\varepsilon}{\varepsilon_0}\right)^2\right],当\ \varepsilon \leqslant \varepsilon_0 \tag{4-19}$$

其中,受圆钢管约束的混凝土峰值点应力 σ_0 和应变 ε_0 可以写为

$$\sigma_0 = f_{ck}\left[1.194 + \left(\frac{13}{f_{ck}}\right)^{0.45}(-0.071\,85\xi'^2 + 0.578\,9\xi')\right] \tag{4-20}$$

$$\varepsilon_0 = \varepsilon_c + [1\,400 + 40(f_{ck} - 20)]\xi'^{0.2} \tag{4-21}$$

式中:f_{ck}——普通混凝土抗压强度标准值(MPa);

ε_c——普通混凝土的峰值点应力对应应变(με)。

式(4-19)中,参数 A 和 B 定义为

$$\begin{aligned} A &= 2 - k \\ B &= 1 - k \end{aligned} \tag{4-22}$$

其中

$$k = 0.1\xi'^{0.745} \tag{4-23}$$

对于应力—应变关系曲线的下降段,陈宝春模型采用如下方程表示

$$\sigma = \begin{cases} \sigma_0(1-q) + \sigma_0 q\left(\dfrac{\varepsilon}{\varepsilon_0}\right)^{0.1\xi'} & \xi \geqslant 1.12 \\ \sigma_0\dfrac{\dfrac{\varepsilon}{\varepsilon_0}}{\beta\left(\dfrac{\varepsilon}{\varepsilon_0} - 1\right)^2 + \dfrac{\varepsilon}{\varepsilon_0}} & \xi < 1.12 \end{cases},当\ \varepsilon > \varepsilon_0 \tag{4-24}$$

其中

$$q = \frac{k}{0.2 + 0.1\xi'} \tag{4-25}$$

$$\beta = (2.36 \times 10^{-6})^{[0.25+(\xi'-0.5)^7]} f_{ck}^2 \times 0.5 \times 10^{-4} \tag{4-26}$$

3)Hu 模型[6]

Hu H. T. 等人用 Elwi 与 Muarry 模型来描述受圆钢管约束的核心混凝土上升段的应力—应变关系。由式(4-5)可知,在应力应变关系上升段的描述中,Elwi 与 Muarry 模型需要确定峰值点应力和应变。

Hu 等人采用经典的约束混凝土强度理论确定核心混凝土的峰值点应力和应变

$$f'_{cc} = f'_c + k_1 f_l \tag{4-27}$$

$$\varepsilon'_{cc} = \varepsilon'_c\left(1 + k_2\frac{f_l}{f'_c}\right) \tag{4-28}$$

式中：f'_c和 ε'_c——分别代表无约束混凝土的峰值点应力和应变；

f'_{cc}和 ε'_{cc}——分别代表在套箍应力 f_l 作用下约束混凝土的峰值点应力和应变。

Richart 等人在 1928 年通过对试验数据的回归发现可以取 $k_1 = 4.1$ 和 $k_2 = 5k_1$。Balmer 在 1949 年通过研究发现 k_1 取值在 4.5 ~7.0 之间，平均值为 5.6，且当侧限应力较低时，k_1 的值偏大。采用式(4-27)和式(4-28)，Mander 等人随后发展出约束混凝土单轴受压应力—应变关系[7]。在 Hu 等人的研究中，采用了 Richart 的结论，也就是取 $k_1 = 4.1$ 和 $k_2 = 20.5$。

通过对试验数据的研究，Hu 等人认为套箍应力 f_l 主要与钢管的径厚比 D/t 和钢管抗拉屈服强度 f_y 有关，并提出了如下公式

$$\frac{f_l}{f_y} = \begin{cases} 0.043\,646 - 0.000\,832\,\dfrac{D}{t} & 21.7 \leqslant \dfrac{D}{t} \leqslant 47 \\ 0.006\,241 - 0.000\,035\,7\,\dfrac{D}{t} & 47 < \dfrac{D}{t} \leqslant 150 \end{cases} \tag{4-29}$$

当应变超过峰值点应变时，Hu 等人采用一个直线下降段来描述混凝土的软化行为，软化段最终的残余应力和应变定义为 $k_3 f'_{cc}$ 和 $11\varepsilon'_{cc}$，其中参数 k_3 的经验公式如下

$$k_3 = \begin{cases} 1 & 21.7 \leqslant \dfrac{D}{t} \leqslant 47 \\ 0.000\,033\,9\left(\dfrac{D}{t}\right)^2 - 0.010\,085\,\dfrac{D}{t} + 1.349\,1 & 47 < \dfrac{D}{t} \leqslant 150 \end{cases} \tag{4-30}$$

4）向天宇—徐腾飞模型[8, 9]

向天宇与徐腾飞等人在 2010 年提出了一个受圆钢管约束的核心混凝土模型。与陈宝春模型类似，在该模型中同样考虑了轴向荷载偏心率对套箍效应的影响。

与式(4-27)相似，该模型定义核心混凝土的抗压强度为

$$f_{cc} = f_c + \alpha k f_{rp} \tag{4-31}$$

式中：f_c 和 f_{cc}——分别为普通混凝土和受圆钢管约束混凝土的抗压强度；

k——经验系数，取值为 4.2；

α——考虑偏心率的修正系数；

f_{rp}——套箍应力，主要与钢管的径厚比 D/t 和钢管抗拉屈服强度 f_y 有关，采用如下公式计算；

$$\frac{f_{rp}}{f_y} = 0.3111\left(\frac{D}{t} - 2\right)^{-1.027} \tag{4-32}$$

偏心率折减系数 α 的定义为

$$\alpha = \begin{cases} \left(1 - \dfrac{2e}{D}\right) \cdot e^{-\frac{2e}{D}} & \dfrac{2e}{D} < 1 \\ 0 & \dfrac{2e}{D} \geqslant 1 \end{cases} \tag{4-33}$$

约束混凝土峰值点应力对应的应变定义为

$$\varepsilon_{cc} = \frac{f_{cc}}{f_c}\varepsilon_0 \tag{4-34}$$

式中：ε_{cc}——约束混凝土峰值点应力对应的应变；

ε_0——普通混凝土峰值点应力对应的应变。

确定了约束混凝土峰值点应力 f_{cc} 和应变 ε_{cc}，采用式(4-3)所示的 Sazen 模型描述约束混凝土应力—应变关系曲线的上升段。

该模型采用如图 4-9 所示的指数曲线描述应力—应变关系曲线的软化段。软化段应力应变方程写为

$$\sigma = f_{cu} + (f_{cc} - f_{cu}) \cdot e^{-\lambda\frac{\varepsilon - \varepsilon_{cc}}{\varepsilon_{cc}}} \tag{4-35}$$

式中：f_{cu}——软化段残余应力，物理意义如图 4-9 所示，定义为

$$f_{cu} = \begin{cases} f_{cc} \cdot \left(\dfrac{0.1f_y}{f_c}\right)^{0.1} & \dfrac{D}{t} \leqslant 40 \\ f_{cc} \cdot \left(\dfrac{0.1f_y}{f_c}\right)^{0.1} \cdot \left[\beta + (1 - \beta \cdot e^{-\frac{\frac{D}{t}-40}{40}}\right] & \dfrac{D}{t} > 40 \end{cases} \tag{4-36}$$

式(4-35)和式(4-36)中，参数 λ 与 β 的取值分别为 0.3 和 0.6。

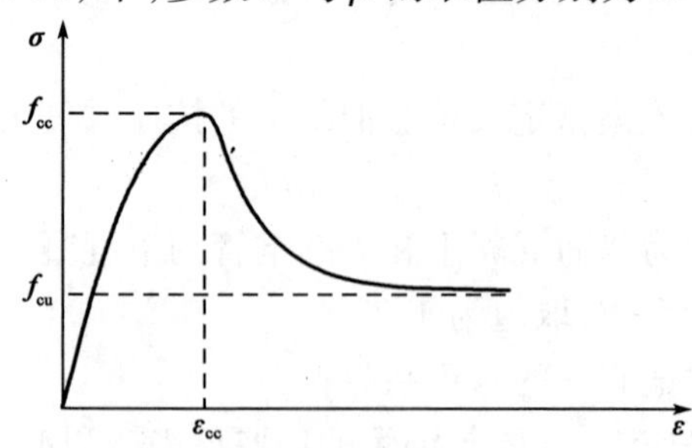

图 4-9　向天宇—徐腾飞模型

4.2.4　钢材单轴应力—应变关系模型

根据受力时应力—应变关系特点的不同，工程上使用的钢材可分为有明显屈服点钢材和无明显屈服点钢材两种，前者破坏时表现为延性破坏特征，后者则无明显的塑性屈服平台，直接进入强化阶段。相比前者，无明显物理屈服点的钢材强度虽然更高，但延性相对较差。

发生延性破坏的钢材，其本构曲线一般可分为线弹性段、非线性弹性段、塑性流动段、强化段及二次塑流 5 个阶段。钢材受拉应力—应变曲线与受压时基本一致。

由于屈服后的应变急剧增大，实际工程中一般将上述曲线简化为双折线表示的理想弹塑性关系，如图 4-10 所示。对于理想弹塑性本构模型的屈服后刚度为零，易造成计算不收敛，在实际计算过程中，可假设屈服后的切线弹性模量为初始弹性模量的 1/100，以提高计算的稳定性[10]。如果需重点关注结构在钢材屈服甚至强化后的行为，也可将钢材的一维应力应变关系简化为四折线模型，如图 4-11 所示。

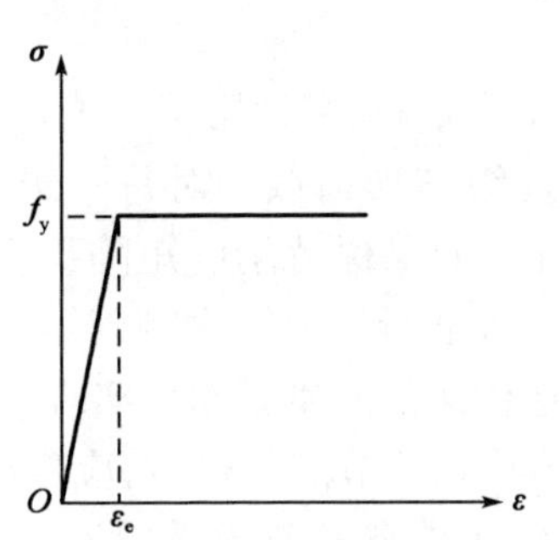

图 4-10　有明显物理流限的钢材理想弹塑性本构模型

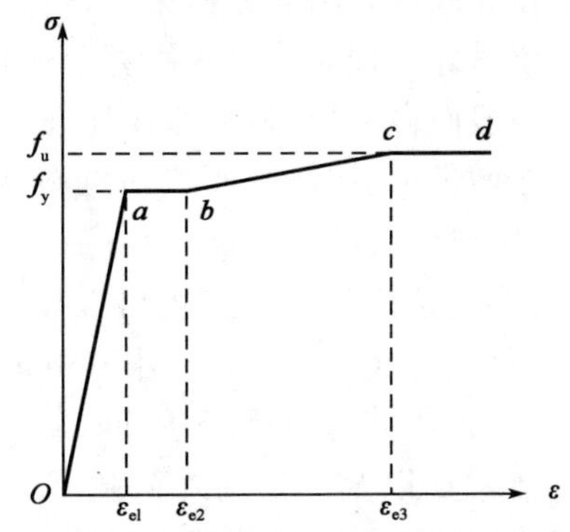

图 4-11　有明显物理流限的钢材四折线本构模型

对于无明显物理流限的钢材，如预应力钢绞线和高强钢丝等，其力学特性与有明显物理流限的钢材存在很大差异，主要表现为没有明显的屈服点，达到极限抗拉强度后迅速破坏，延伸率较小等。为简化分析，可按 Ramberg-Osgood 曲线进行模拟

$$\sigma_p = \begin{cases} E_p\varepsilon_p & \sigma_p \leqslant 0.7f_{pu} \\ \dfrac{E'_p\varepsilon_p}{\left[1+\left(\dfrac{E'_p\varepsilon_p}{f_{pu}}\right)^m\right]^{\frac{1}{m}}} & \sigma_p > 0.7f_{pu} \end{cases} \tag{4-37}$$

式中：E_p——无明显物理流限钢材的弹性模量；

E_p'——Osgood 曲线零点切线弹性模量，可取 214GPa；

f_{pu}——极限抗拉强度；

m——Osgood 曲线的形状函数，可取为 4。

4.3 非线性方程组求解的 Newton-Raphson 迭代

对于非线性有限元问题，经过有限元离散，最后都归结为求解一个非线性代数方程组

$$\boldsymbol{K}(\boldsymbol{U})\boldsymbol{U} = \boldsymbol{F} \tag{4-38}$$

在线性问题中，刚度矩阵 $\boldsymbol{K}$ 与节点位移矢量 $\boldsymbol{U}$ 无关，式(4-38)为一线性方程组，可以方便地用数值方法求解。而在非线性问题中，刚度矩阵 $\boldsymbol{K}$ 是节点位移矢量 $\boldsymbol{U}$ 的非线性函数，这给问题求解带来了一定的难度。求解式(4-38)有很多种方法，这些方法的基本思路都是将这个非线性方程组逐步线性化。本章先介绍在非线性有限元分析中最常用的 Newton-Raphson 迭代法，在下一章中将详细介绍另外一种非线性求解算法弧长法。

一般而言，对于材料非线性问题都很难获得全量解答，通常采用增量求解算法。在增量求解时，需要将荷载分为若干级，逐级施加荷载。对每一级荷载增量，采用迭代法进行计算。在每一荷载增量步内，如果保持刚度矩阵不变，则称为“等刚度迭代”。反之，也可以在每一次迭代时，重新形成一次刚度矩阵，则称为“变刚度迭代”。下面介绍 Newton-Raphson 迭代法的基本思想和实现过程。

(1)设当前计算已经达到收敛，则当前平衡状态的节点位移 $\boldsymbol{U}$，应变结果 $\boldsymbol{\varepsilon}$、应力结果 $\boldsymbol{\sigma}$ 以及已平衡外荷载 $\boldsymbol{F}$ 已知。设下一步求解的荷载增量为 $\Delta\boldsymbol{F}$，则下一步迭代需要平衡的荷载总量为

$$\boldsymbol{F}^* = \boldsymbol{F} + \Delta\boldsymbol{F} \tag{4-39}$$

(2)由当前平衡状态的节点位移 $\boldsymbol{U}$，应变结果 $\boldsymbol{\varepsilon}$ 和应力结果 $\boldsymbol{\sigma}$，计算每个单元的几何矩阵 $\boldsymbol{B}$ 和物理矩阵 $\boldsymbol{D}$，并由此计算单元切线刚度矩阵

$$\boldsymbol{K}_e^{\mathrm{T}} = \int_{V_e} \boldsymbol{B}^{\mathrm{T}}\boldsymbol{D}\boldsymbol{B}\,\mathrm{d}V_e \tag{4-40}$$

集成所有单元的切线刚度矩阵，得到整体切线刚度矩阵

$$\boldsymbol{K}^{\mathrm{T}} = \sum \boldsymbol{K}_e^{\mathrm{T}} \tag{4-41}$$

(3)求解线性化方程。

$$\boldsymbol{K}^{\mathrm{T}}\Delta\boldsymbol{U} = \Delta\boldsymbol{F} \tag{4-42}$$

(4)由式(4-42)计算得到的位移增量 $\Delta\boldsymbol{U}$,计算应变增量 $\Delta\boldsymbol{\varepsilon}$ 和应力增量 $\Delta\boldsymbol{\sigma}$。

(5)将上一步计算得到位移增量 $\Delta\boldsymbol{U}$、应变增量 $\Delta\boldsymbol{\varepsilon}$ 和应力增量 $\Delta\boldsymbol{\sigma}$,累加到当前节点位移 $\boldsymbol{U}$,应变结果 $\boldsymbol{\varepsilon}$、应力结果 $\boldsymbol{\sigma}$ 如下

$$\left.\begin{aligned}\boldsymbol{U} &= \boldsymbol{U} + \Delta\boldsymbol{U}\\ \boldsymbol{\varepsilon} &= \boldsymbol{\varepsilon} + \Delta\boldsymbol{\varepsilon}\\ \boldsymbol{\sigma} &= \boldsymbol{\sigma} + \Delta\boldsymbol{\sigma}\end{aligned}\right\} \tag{4-43}$$

(6)由当前应力结果 $\boldsymbol{\sigma}$ 计算单元节点内力

$$\boldsymbol{R}_{\mathrm{e}} = \int_{V_{\mathrm{e}}} \boldsymbol{B}^{\mathrm{T}}\boldsymbol{\sigma}\mathrm{d}V_{\mathrm{e}} \tag{4-44}$$

集成单元节点力,得到结构节点内力

$$\boldsymbol{R} = \sum \boldsymbol{R}_{\mathrm{e}} \tag{4-45}$$

(7)由上一步计算得到的结构节点内力,计算不平衡力

$$\Delta\boldsymbol{F} = \boldsymbol{F}^{*} - \boldsymbol{R} \tag{4-46}$$

判断迭代是否收敛。一般而言,判断迭代收敛有位移收敛准则和力收敛准则,这两种准则分别可以写为

$$\frac{\|\Delta\boldsymbol{U}\|}{\|\boldsymbol{U}\|} \leqslant \delta \tag{4-47}$$

$$\frac{\|\Delta\boldsymbol{F}\|}{\|\boldsymbol{F}^{*}\|} \leqslant \delta \tag{4-48}$$

式中:δ——迭代收敛限;

$\|\cdot\|$——矢量范数。

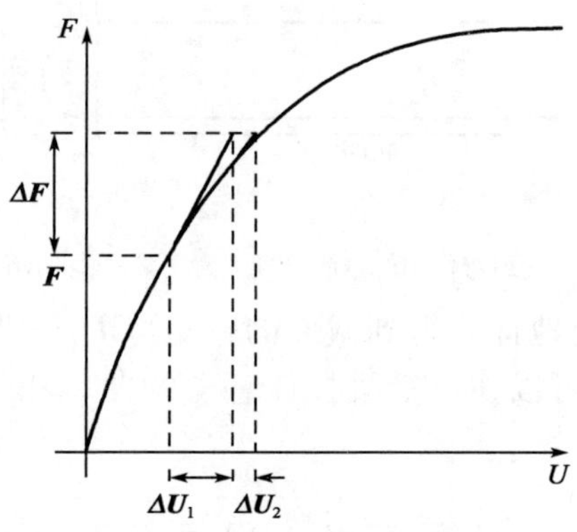

图4-12 Newton-Raphson 迭代

如果迭代已经收敛,则进入第(1)步开始下一增量步计算;反之,返回第(2)步,进行下一次线性化迭代。

由上述对 Newton-Raphson 迭代过程的描述可以看出,迭代过程是通过一系列线性化有限元求解逼近一个非线性问题的真实解。对于一维空间,这一过程可用图 4-12 形象地表示。

4.4 算例分析

4.4.1 钢筋混凝土纯弯梁[11]

一般而言,混凝土结构的材料非线性分析都难以得到闭合的解析解。为了验证计算理论和程序的正确性,很大程度上依赖于计算结果与试验结果的对比。本书中特别设计了一受纯弯作用的钢筋混凝土简支梁作为验证算例。对于纯弯作用的情况,可以采用经典的条带法计算得到结构的各种响应。条带法的计算思想已经成熟,对于一些简单受力情况,其数值结果可以认为逼近精确解[12]。因而,可以用于计算理论和程序正确性初步验证。

如图 4-13 所示一个跨度为 5m 的矩形截面钢筋混凝土简支梁,受到两端的纯弯矩作用。计算中假定混凝土的初始弹性模量为 20GPa,抗压强度为 20MPa,混凝土应力峰值点对应压应变为 0.002,混凝土抗拉强度为 2MPa。钢筋的弹性模量为 225GPa,屈服强度假定为 540MPa。

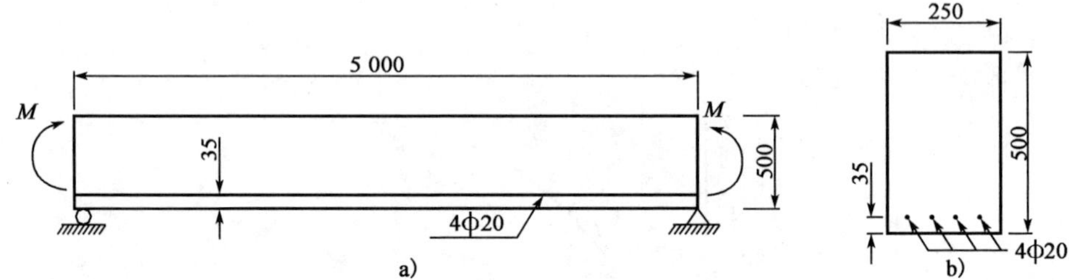

图 4-13　受纯弯作用的钢筋混凝土简支梁(尺寸单位:mm)

由条带法可以方便地计算得到截面的弯矩(M)—曲率(φ)关系曲线,对于受纯弯作用简支梁,可以知道沿梁长任意点的曲率相等,则其跨中挠度可以写为

$$\Delta_{0.5l} = \varphi \cdot \int_0^{0.5l} x\mathrm{d}x = \frac{\varphi \cdot l^2}{8} \tag{4-49}$$

根据式(4-49),则可由条带法得到的弯矩(M)—曲率(φ)关系计算构件的弯

矩—挠度曲线。图4-14给出了由退化梁单元非线性有限元分析程序计算得到跨中挠度结果与相应的条带法计算结果的对比。可以看出,非线性有限元求解结果与条带法求解结果吻合良好。当混凝土开裂时,两者存在细小的差别。在混凝土开裂时,由于应变局部化,结构会出现局部卸载[13]。条带法本质上属于位移加载算法,可以准确地计算出这一局部卸载问题。而本例中,非线性有限元分析采用了Newton-Raphson迭代算法,这一算法属于力加载算法,无法求解由开裂导致的应变局部化引起的局部卸载问题。图4-15给出了当M为150kN·m时,截面的应变分布情况,可以发现两种方法计算结果吻合良好。

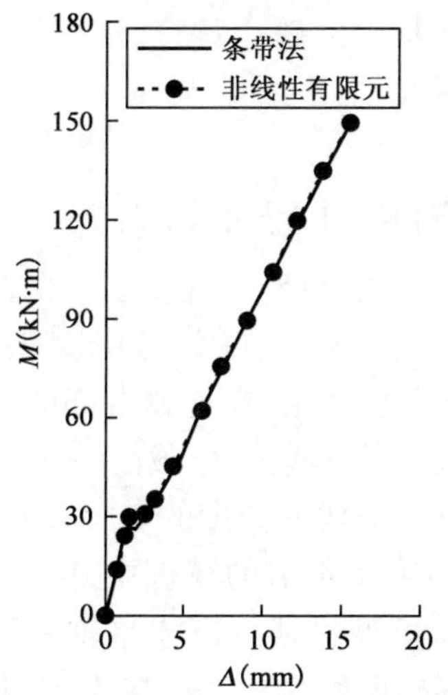

图4-14　受纯弯作用的钢筋混凝土简支梁跨中挠度曲线

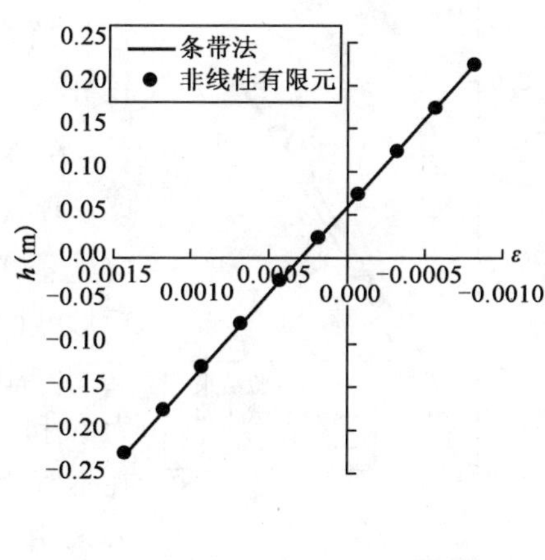

图4-15　$M=150$kN·m时的截面应变分布

4.4.2　跨中受集中荷载的钢筋混凝土简支梁[11]

文献[14]中给出了Scordelies和Bresler完成的一根钢筋混凝土简支梁试验,由于该试验的结果良好,被很多学者用来作为数值分析的例子,用以验证程序的正确性。如图4-16所示,该梁的跨度为3.657 6m,截面尺寸为55.25cm×22.86cm。配有4根受拉钢筋,总面积为25.8cm^2,没有配置任何腹筋。梁受一跨中集中荷载作用,破坏荷载为258.1kN。

计算中所需要的混凝土材料常数按照如下取值,混凝土抗压强度取24.5MPa,初始弹性模量为21.3GPa,压应力峰值点应变为0.002。混凝土抗拉强度取2.45MPa。

钢筋的弹性模量取191.4GPa,由于在试验破坏时,钢筋未达到屈服,因而计

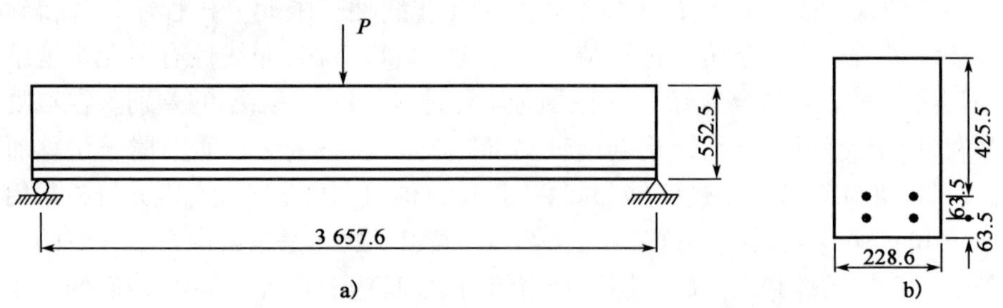

图 4-16　跨中受集中荷载的简支梁[14]（尺寸单位：mm）

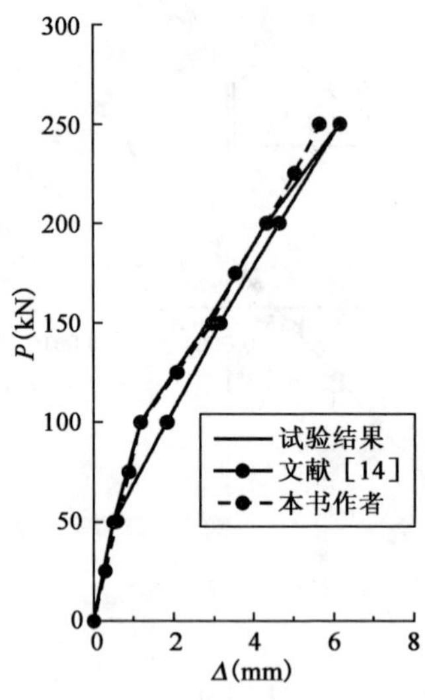

图 4-17　跨中挠度计算结果

算假定钢筋为弹性材料。跨中挠度计算结果如图 4-17 所示，可以看出计算结果与试验结果吻合较好。

4.4.3　钢筋混凝土悬臂梁[11]

Izzuddin 等人在文献［15］中完成了一个钢筋混凝土悬臂梁的非线性有限元计算。如图 4-18 所示矩形截面钢筋混凝土悬臂梁，在悬臂端部的形心处受到一组集中荷载。这组集中荷载由一个轴向压力 N 和一个与竖直方向成 α 角度的切向力 P 组成。在本算例和随后的 4.4.4 节的算例中，Izzuddin 等人采用 Hongnestad 模型描述混凝土单轴受压应力应变关系，混凝土抗压强度为 20MPa，压应力峰值点对应应变 0.002，假定混凝土抗拉强度为 0。钢筋假设为线弹性材料，弹性模量取 200GPa。

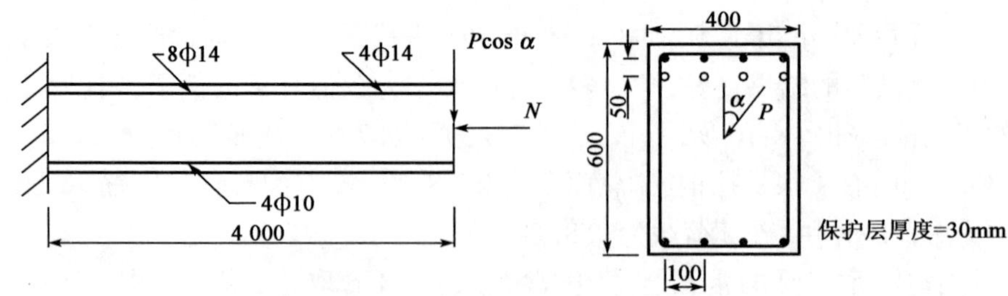

图 4-18　端部受集中荷载的悬臂梁[15]（尺寸单位：mm）

图 4-19 给出了当 $\alpha=0°$ 时（此时为 P 为竖向力），在不同的轴向力 N 的条件下

悬臂梁的 P-Δ 关系（Δ 代表悬臂端竖向位移）。可以看出当 N 为 500kN 和 1 000kN 时，本书采用的退化梁单元计算结果和文献[15]的计算结果吻合得很好。但是，当 N 为 0 时，两者结果在加载的开始阶段有很大的差距，随着加载的进行，两种结果越加接近。主要的原因是文献[15]在求解过程中完全忽略了混凝土抗拉强度的影响，假设混凝土抗拉强度为 0。而在本书作者的计算过程中考虑了混凝土的实际抗拉强度。当 N 为 500kN 和 1 000kN 时，因为轴向力的存在平衡了由于端部集中荷载产生的弯曲拉应力，使得构件破坏由混凝土压坏主导，掩盖了由于没有考虑混凝土的抗拉强度而带来的结果的差异。而当 N 为 0 时，混凝土受拉开裂出现较早，不考虑混凝土的抗拉强度会引起结果出现较大的偏差。

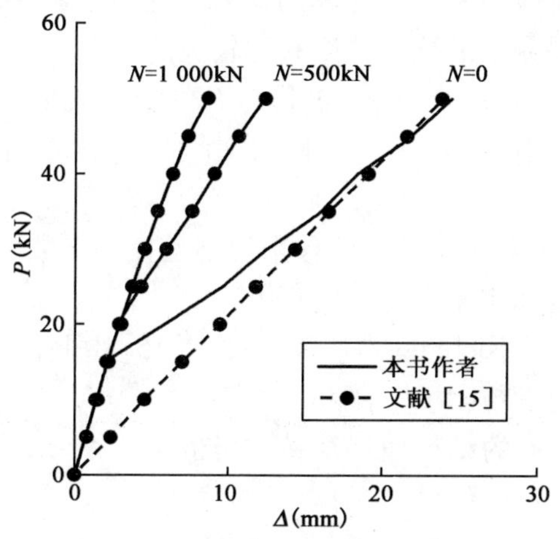

图 4-19　悬臂端挠度与荷载关系曲线

图 4-20 给出了当 N 为 500kN 时，不同 α 取值的条件下，悬臂梁端部位移变化情况。

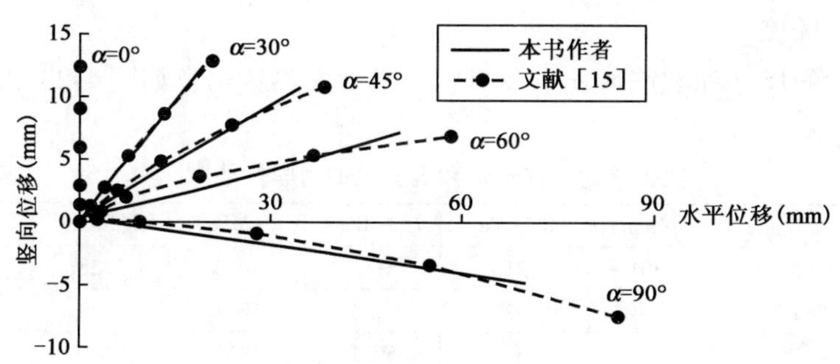

图 4-20　不同 α 取值下的悬臂端位移

4.4.4 钢筋混凝土框架[11]

Izzuddin 等人在文献[15]中还对一空间框架进行了分析。如图 4-21 所示，此框架受到平面内荷载(P_x,P_y)的作用。同时，框架还受到梁上的均布荷载 w 和梁柱节点上的集中力 Q 的作用。

图 4-22 给出了节点 A 沿 x 轴的位移与 P 的变化关系。从图 4-22a)可以看出计算得到的结果与文献[15]给出的结果吻合得很好，而图 4-22b)的结果存在一定差异，其原因也主要还是文献[15]中完全忽略了混凝土抗拉强度的作用。图 4-22a)中由于节点集中荷载 Q 的存在平衡了结构中由于弯曲产生的拉应力，抵消了忽略混凝土拉应力带来的计算的误差。而对于图 4-22b)来说，计算偏差的出现与是否考虑混凝土的抗拉强度有比较大的关系。

图 4-23 给出了节点 A 沿 z 轴的位移与 P 的变化关系。可以看出，无论是否存在节点竖向力 Q 的作用，本书计算值与文献[15]计算结构都有很大的差距。其原因有以下几个：

(1) z 轴的位移相对于 x 轴的位移来说不是在一个数量级上，有可能是由于数值计算精度的问题而带来了计算的偏差。

(2)对问题采用了不同的基本假设。文献[15]中假设不考虑混凝土抗拉强度，而且假设钢筋受拉受压均不屈服。

(3)文献[15]所得的结果值得商榷，如图 4-23 所示，在有竖向力作用时，A 点在 z 轴方向出现了正向位移，这与常理相悖。

4.4.5 部分预应力混凝土简支梁[11]

赵人达在 1990 年进行了八片部分预应力混凝土梁和两片普通钢筋混凝土梁的试验[16]，该批试验资料详尽。在本书中应用退化梁单元非线性有限元分析程序对其中的四片部分预应力混凝土简支梁(LYA1 、LYB1、LYC1 和 LYD1)进行数值模拟计算。

试验梁的尺寸和配筋情况以及材料基本力学参数信息如图 4-24 和表 4-2 ~ 表 4-4 所示。

试验梁的几何参数和混凝土的力学性能[16]　　表 4-2

梁　号	b(mm)	h(mm)	h_0(mm)	f_{cu}(MPa)	f_c(MPa)	f_t(MPa)	E_c(GPa)
LYA1	257	401	310	51.3	40.5	3.28	32.2
LYB1	252	401	329	51.3	40.5	3.28	32.2
LYC1	251	400	337	50.1	44.3	3.39	29.8
LYD1	254	401	342	53.0	44.6	3.31	32.1

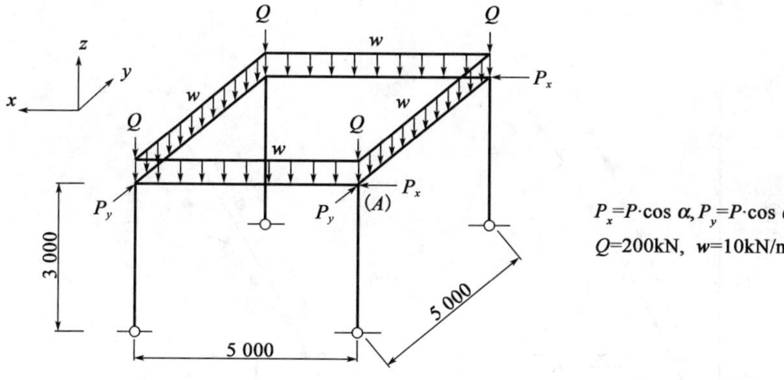

a）框架几何尺寸和荷载布置（尺寸单位:mm）

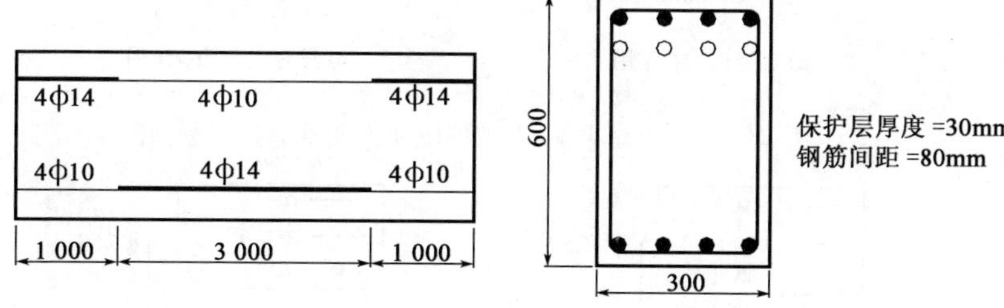

b）梁几何尺寸和配筋（尺寸单位:mm）

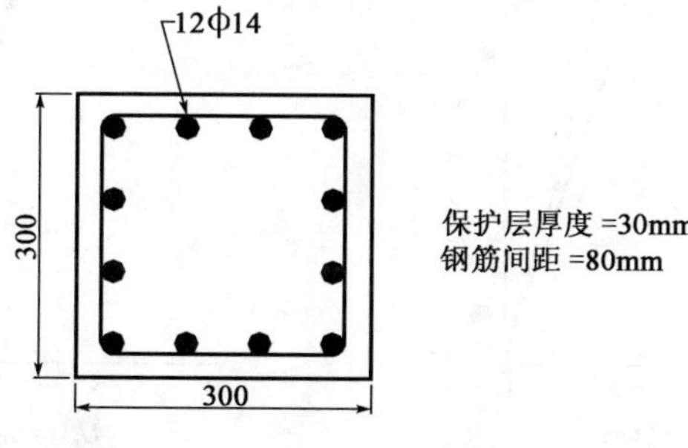

c）柱几何尺寸和配筋（尺寸单位:mm）

图 4-21　空间框架算例[15]

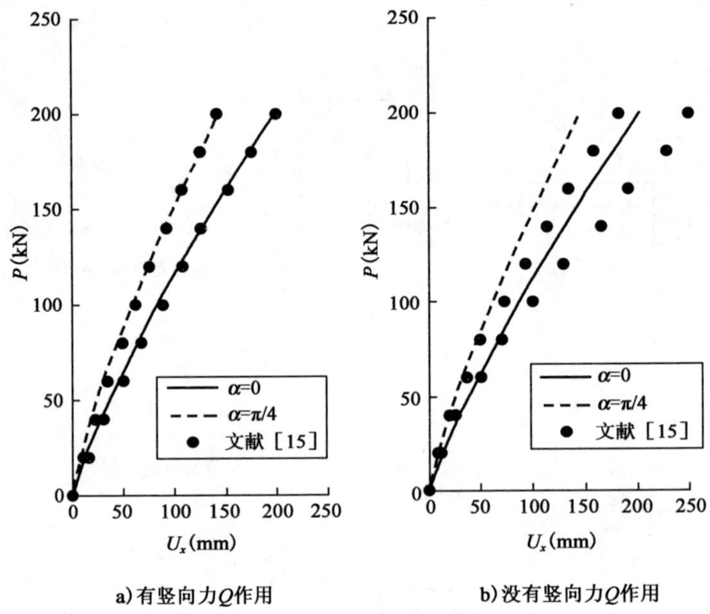

图4-22　节点A沿x轴的位移与P的变化关系

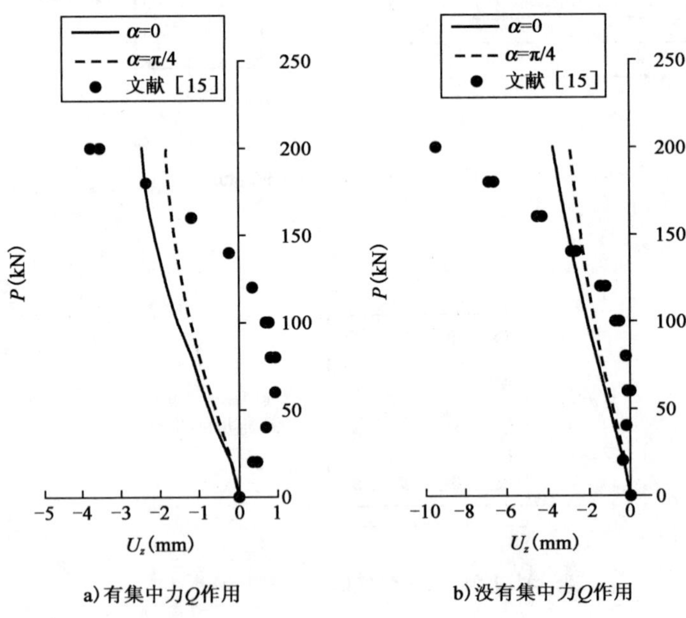

图4-23　节点A沿z轴的位移与P的变化关系

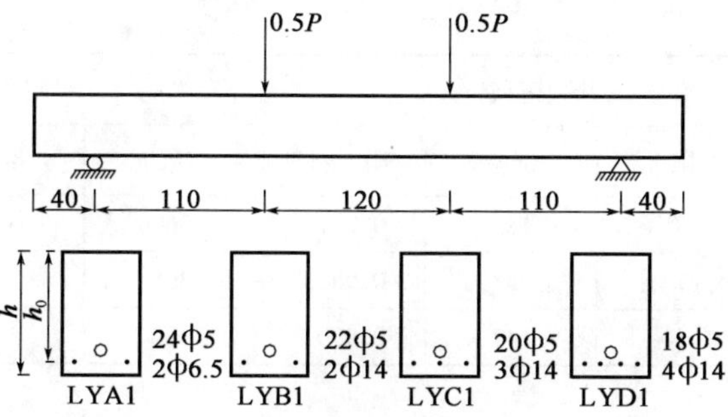

图4-24 部分预应力混凝土试验梁基本几何尺寸和配筋[16]（梁体尺寸单位：cm；钢筋直径单位：mm）

普通钢筋和预应力钢丝的力学性能[16] 表4-3

种 类	直径(mm)	屈服强度(MPa)	极限强度(MPa)	弹性模量(GPa)
预应力钢丝	5	1 447.0	1 628.5	218
普通钢筋	6.5	380.9	456.3	210
	14	386.8	577.1	190

部分预应力比、预应力度和控制张拉应力[16] 表4-4

梁 号	PPR	λ	控制张拉应力(MPa)
LYA1	0.95	0.69	1 000
LYB1	0.81	0.56	900
LYC1	0.72	0.47	900
LYD1	0.63	0.40	900

4片梁的荷载—跨中位移曲线分析结果如图4-25所示，可以看出数值计算结果均很好地反映了部分预应力混凝土梁的试验变形结果。图4-26给出了跨中断面普通钢筋应变计算结果。各片梁的开裂荷载和极限荷载的计算结果与试验值对比如表4-5所示。

试验梁的开裂荷载和极限荷载比较 表4-5

梁 号	开裂荷载(kN)			极限荷载(kN)		
	有限元	试验	有限元/试验	有限元	试验	有限元/试验
LYA1	180	183	0.983 6	320	364	0.879 1

续上表

梁　号	开裂荷载(kN)			极限荷载(kN)		
	有限元	试验	有限元/试验	有限元	试验	有限元/试验
LYB1	165	183	0.901 6	360	386	0.932 6
LYC1	150	153	0.980 4	365	399	0.914 8
LYD1	144	147	0.979 6	370	395	0.936 7

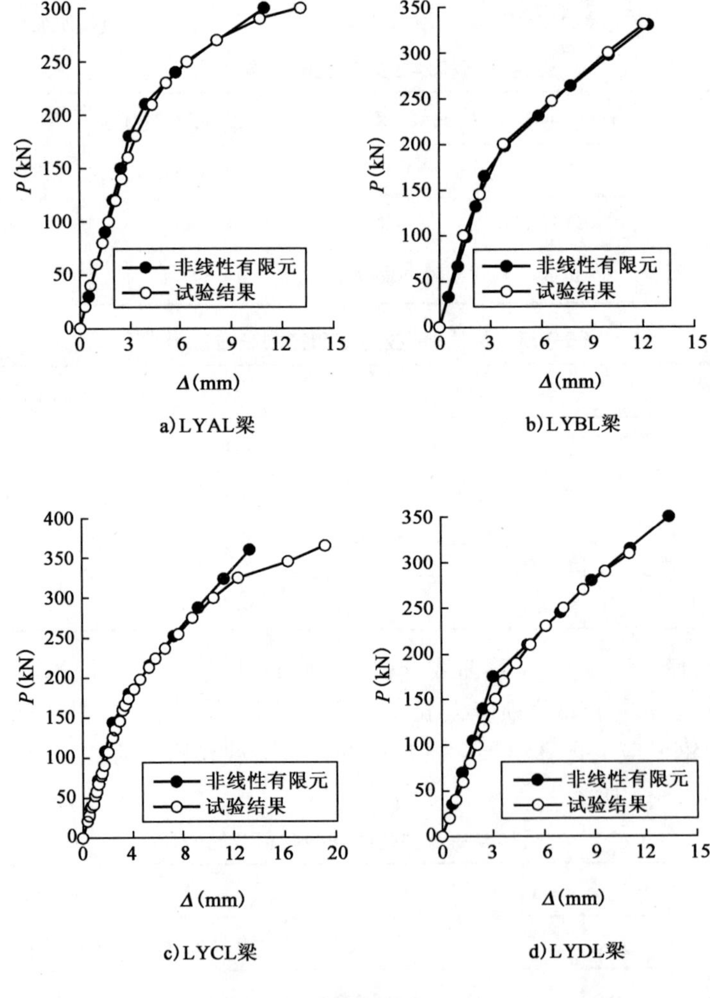

图4-25　荷载位移曲线计算结果

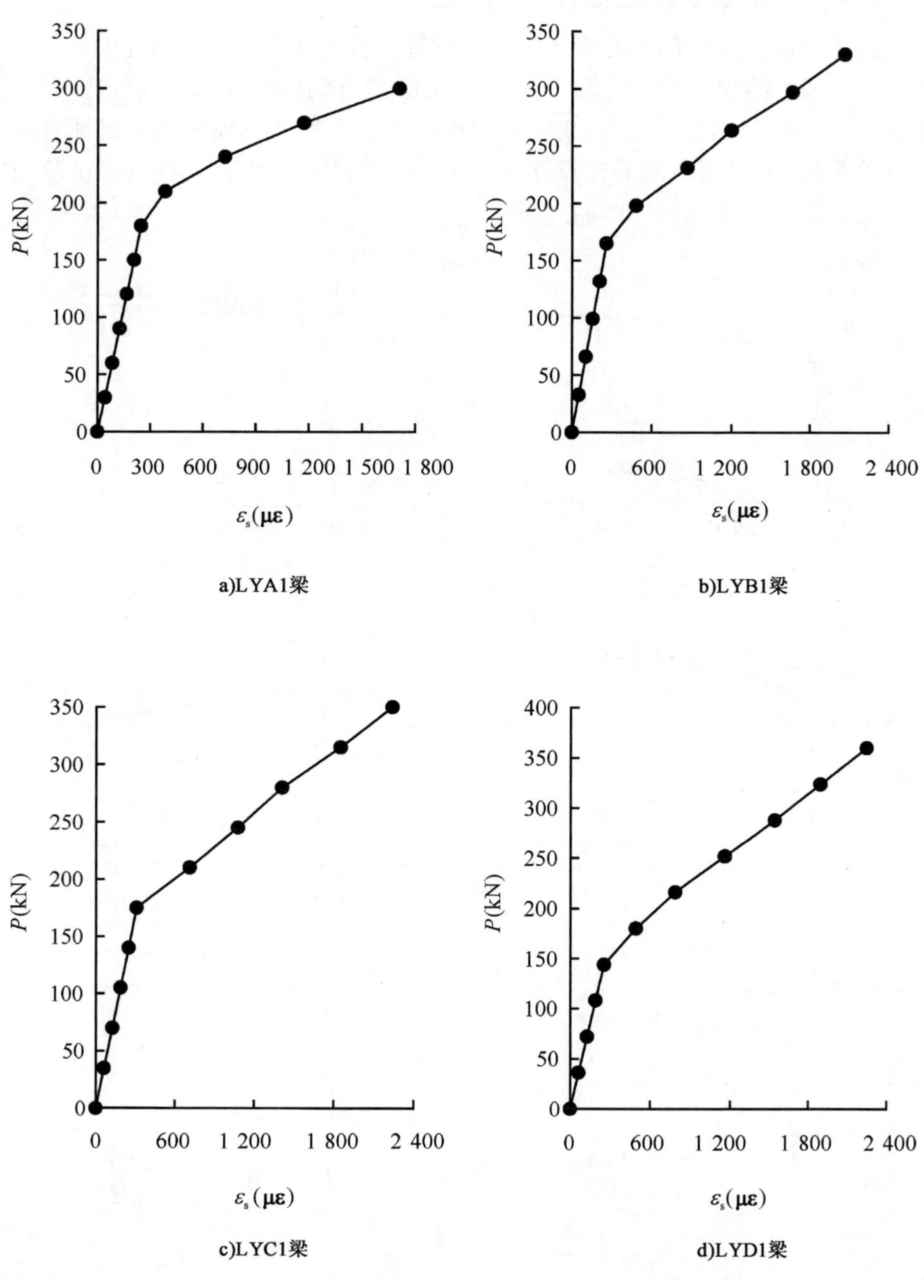

图 4-26 跨中断面钢筋应变计算结果

4.4.6 钢管混凝土轴心受压短柱[9]

钢管混凝土短柱的轴心受压试验是钢管混凝土柱力学行为研究中最基本的试验。表4-6给出了若干个钢管混凝土轴压短柱试验构件的基本参数。在本算例计算中,核心混凝土应力应变关系采用向天宇—徐腾飞模型。非线性有限元求解采用弧长法(弧长法的计算原理在下一章介绍)。图4-27给出了试验与数值模拟的轴向力与轴向应变曲线对比。

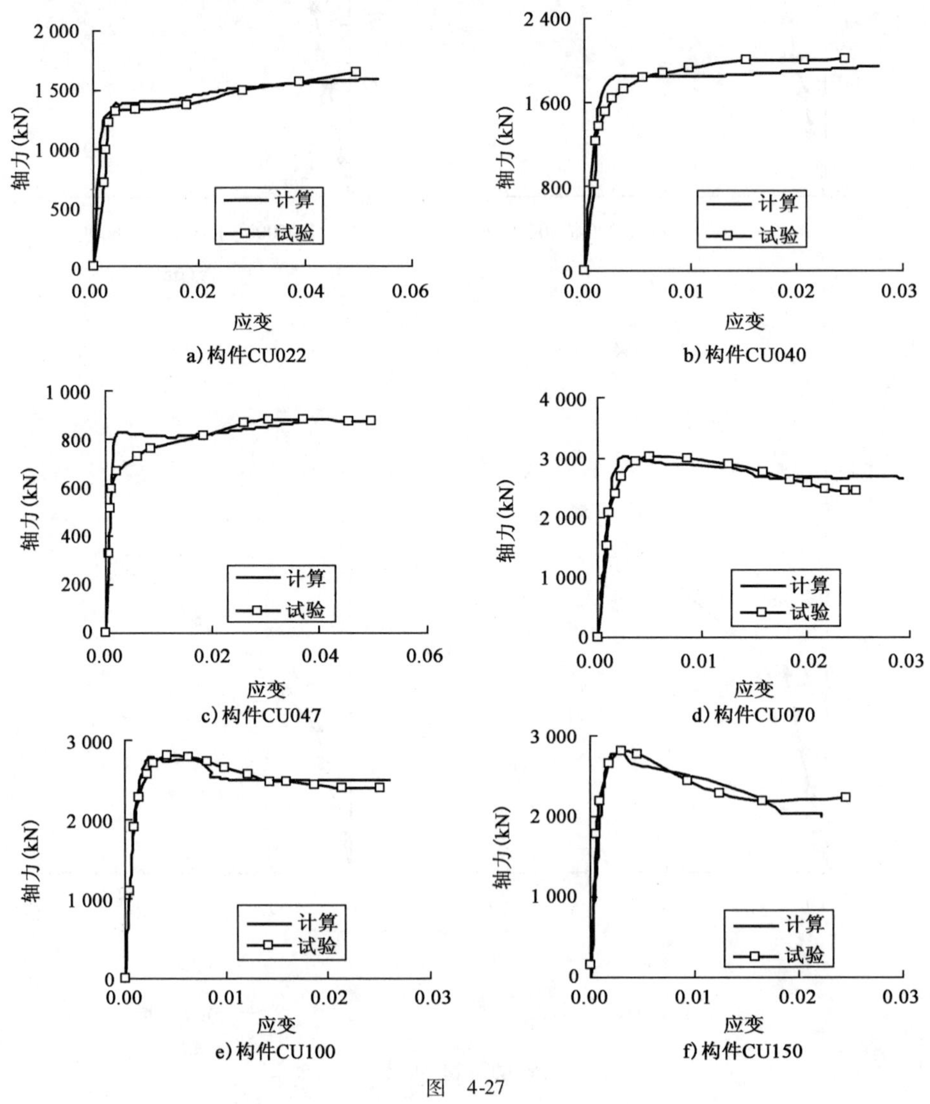

图 4-27

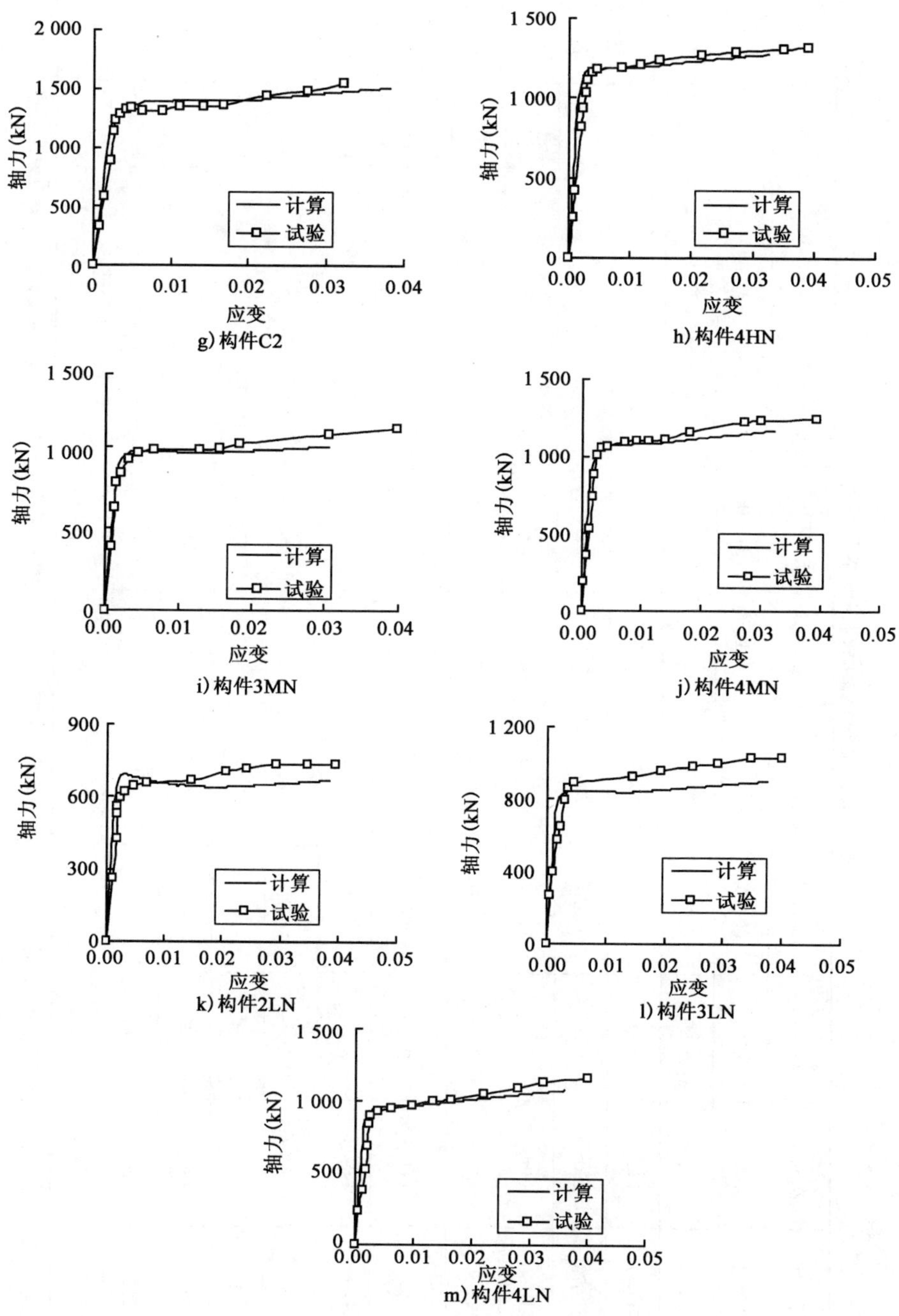

图4-27 钢管混凝土轴压短柱轴力—应变曲线

钢管混凝土轴心受压构件基本参数表

表 4-6

名　称	D(mm)	t(mm)	L(mm)	D/t	L/D	f_y(MPa)	E_s(Gpa)	f_c(MPa)	E_c(Gpa)	文献来源
CU022	140.0	6.50	602.0	21.5	4.3	313.0	—	23.80	—	文献[17]
CU040	200.0	5.00	840.0	40.0	4.2	265.8	—	27.15	—	
CU047	140.0	3.00	602.0	47.0	4.3	285.0	—	28.18	—	
CU070	280.0	4.00	840.0	70.0	3.0	272.6	—	31.15	—	
CU100	300	3.00	900.0	100.0	3.0	232.0	—	27.23	—	
CU150	300.0	2.00	840.0	150.0	2.8	341.7	—	27.23	—	
C2	141.4	6.50	608.0	21.8	4.3	313.0	206.01	23.81	23.53	文献[18]
4HN	150.0	4.00	—	37.5	—	279.9	210.00	28.70	24.90	文献[19]
3MN	150.0	3.20	—	46.9	—	287.7	190.00	22.00	21.80	
4MN	150.0	4.00	—	37.5	—	279.9	210.00	22.00	21.80	
2LN	150.0	2.00	—	75.0	—	336.5	212.00	18.10	19.70	
3LN	150.0	3.20	—	46.9	—	287.7	190.00	18.10	19.70	
4LN	150.0	4.00	—	37.5	—	279.9	210.00	18.10	19.70	

注：D 为钢管直径；t 为钢管厚度；L 为钢管长度；f_y 为钢材屈服强度；E_s 为钢材弹性模量；f_c 为混凝土轴心抗压强度；E_c 为混凝土弹性模量。

由图 4-27 可以看出当 $D/t<40.0$（构件 C2，4HN，4MN，4LN 与 CU022），钢管对核心混凝土有较强的约束作用，试验结果与数值模拟结果均表明混凝土达到抗压强度后有一个明显的强化过程。而当 $D/t\geqslant 70$ 时（构件 2LN，CU070，CU100 与 CU150），除构件 2LN 外（$D/t=75$），构件 CU070、CU100 与 CU150 荷载达到峰值点后都有明显的下降段。由表 4-6 可以发现构件 2LN（$D/t=75$）与构件 CU070（$D/t=70$）的径厚比类似，但是由于构件 2LN 的 f_y/f_c 值（$f_y/f_c=18.59$）远大于构件 CU070（$f_y/f_c=8.75$），这将导致构件 2LN 中混凝土受到较强的套箍作用。对于 D/t 介于 40～70 之间的构件（3MN、3LN、CU040 与 CU047），其行为可以近似地用理想弹塑性描述。

4.4.7　钢管混凝土偏心受压短柱[9]

文献[20]给出了一组钢管混凝土构件偏心受压试验（在本算例中将该试验称为 A1），其构件几何尺寸为 ϕ106mm × 3mm × 418mm，$f_y=305\text{MPa}$，$f_{cu}=45\text{MPa}$。文献[21]给出了一组钢管混凝土偏心受压构件的试验（在本算例中将该试验称为 A2），其构件几何尺寸为 ϕ166mm × 5mm × 1 495mm，$f_y=294\text{MPa}$，$f_{cu}=51.2\text{MPa}$，文献[22]给出了一组钢管混凝土偏心受压构件的试验（在本算例中将该试验称为 A3），其构件几何尺寸为 ϕ165.2mm × 4.08mm × 660.8mm，$f_y=353\text{MPa}$，$f_{cu}=32.27\text{MPa}$。本书中对上述 3 个偏心受压钢管混凝土短柱进行全过程分析，绘制 M-N 包络曲线，计算结果如图 4-28 所示。

在图 4-28 中的点划线表示采用本书作者提出的约束混凝土模型计算得到的 M-N 包络曲线。作为对比，图 4-28 也给出了采用完全约束（$\alpha=1$）与非约束（$\alpha=0$）混凝土本构模型的计算结果。与试验结果比较，采用本书作者提出的约束混凝土本构模型的计算结果与试验结果吻合较好。采用非约束（$\alpha=0$）与完全约束（$\alpha=1$）混凝土本构模型的计算结果分别构成了试验结果的内外包络线。在轴压与偏心距较小的情况下，试验结果与采用完全约束（$\alpha=1$）混凝土本构模型得到的计算结果较吻合；当偏心距由小偏心不断增长至大偏心受压的过程中，试验结果落在两种本构模型计算结果之间，理论计算曲线与试验结果均由靠近外包络线（$\alpha=1$）逐渐过渡至靠近内包络线（$\alpha=0$）。这一现象表明，套箍效应随着偏心距的增大而不断减弱。当小偏心受压时，核心混凝土全截面处于受压状态，破坏时混凝土无开裂，套箍效应可以认为接近轴心受压混凝土，因而试验结果接近外包络曲线；相反地，当大偏心以及纯弯状态时，核心混凝土出现了大量的开裂情况，混凝土径向膨胀有限，套箍效应难以发挥，因而试验结果靠近内包络线；当偏心距介于大偏心与小偏心之间时，由于部分混凝土的开裂，套箍效应部分发挥,因而试验结果介于内外包络线之间[8]。

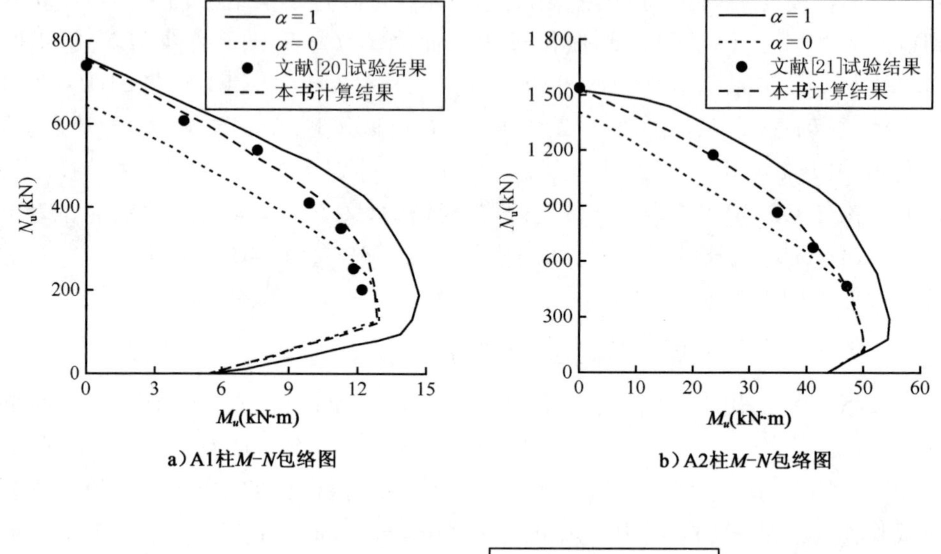

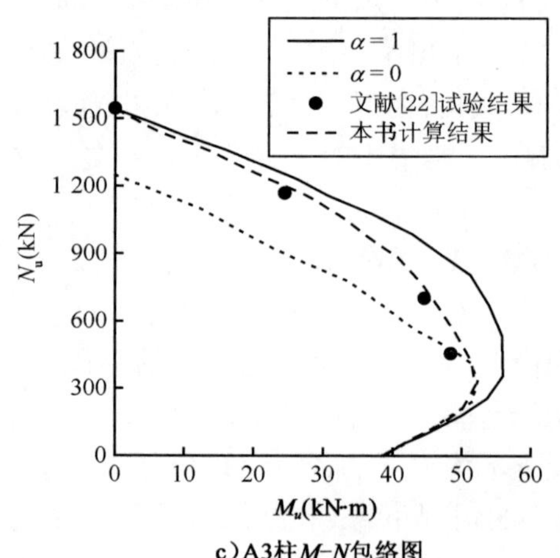

图4-28 M-N包络曲线

当钢管混凝土处于大偏心与受弯破坏时,构件破坏形式为钢材受拉屈服,混凝土强度对构件承载能力影响不大,因而采用完全约束($\alpha=1$)与非约束($\alpha=0$)混凝土本构模型计算的极限承载力的结果比较接近。

4.4.8 倒置钢—混凝土组合简支梁[23]

在钢—混凝土组合梁的分析中,对截面滑移的模拟是其中的一个关键技术问题。由于截面滑移存在，平截面假设虽然在钢梁或混凝土板中都单独成立。但是，在结构层面上，界面滑移将导致平截面假定不再成立。

Ollgaard 等人在 1971 年提出了一个广泛应用的剪力连接键的剪力—滑移模型[24]，其表达式为

$$Q = Q_{max}(1 - e^{-\beta s})^{\alpha} \tag{4-50}$$

式中：Q_{max}——剪力连接键的抗剪极限承载力；

s——界面相对滑移量(mm)；

α、β——常量，Ariber 和 Labib 建议取 $\alpha = 0.8$，$\beta = 0.7\text{mm}^{-1}$。Johnson 和 Molenstra 建议取 $\alpha = 0.989$，$\beta = 1.535\text{mm}^{-1}$[25]。

根据对部分推出试验的统计分析，文献[26]提出可以用滑移为 0.8mm 处的割线刚度作为剪切刚度的线性滑移模型，本书在随后分析计算中将采用该模型，取 Ariber 和 Labib 建议的滑移曲线在 0.8mm 处的割线刚度，如图 4-29 所示。

为了模拟钢—混凝土组合梁的相互作用和协调变形，在本章随后的计算中也采用了第三章图 3-19 所示的两组相互平行的退化梁单元模拟钢梁和混凝土板，用弹簧单元模拟剪力连接键。

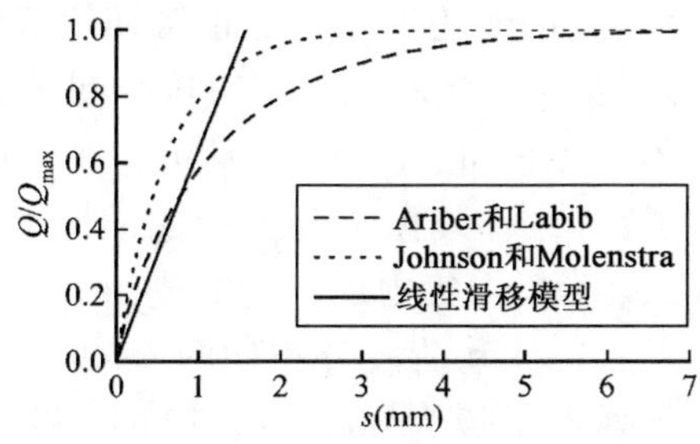

图 4-29　界面滑移模型

图 4-30 所示为文献[27]进行的钢—混凝土组合简支梁试验，集中荷载作用在跨中。为模拟钢—混凝土组合梁负弯矩区力学性能，试验时将组合梁倒置。混凝土应力应变关系采用 Hognestad 模型，钢筋和钢材的应力应变关系采用四折线模型。计算时，混凝土抗压强度取 24MPa，抗拉强度取 2.5MPa，混凝土初始弹模为 21.8GPa。钢筋和钢梁假设为理想弹塑性材料。钢筋的屈服强度为 540MPa，钢梁的屈服强度为 375MPa，钢材的弹性模量均为 200GPa。剪力键的抗剪极限承载能力为 73.75kN，剪力键沿梁纵向的布置间距为 515mm。计算得到的跨中位移曲线如图 4-31 所示。

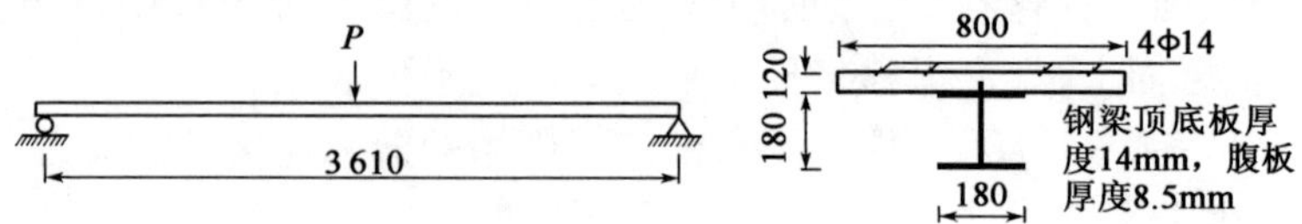

图 4-30　钢—混凝土组合简支梁[27]（尺寸单位：mm）

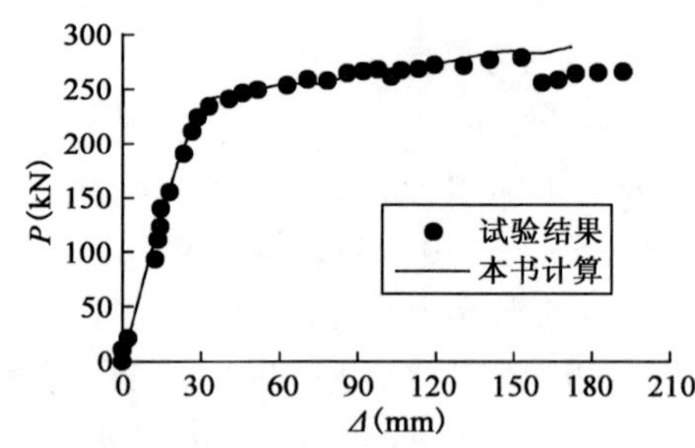

图 4-31　跨中位移曲线

4.4.9　预应力钢—混凝土组合梁[23]

对于普通钢—混凝土连续组合梁，由于中支座附近混凝土板承受拉力的作用，混凝土会过早的开裂，这会导致结构耐久性下降等问题。如果跨中荷载较大，组合梁的变形和裂缝宽度可能还不能满足正常使用极限状态的要求。在这种情况下，采用预应力技术能够一定程度上解决这一问题。

张彦玲在文献[28]中对钢—混凝土组合梁负弯矩区的力学性能进行了试验研究，本书选取其中的无黏结体外预应力钢—混凝土组合梁 SCB2 和 SCB5 作为研究算例。其中 SCB2 梁为反向集中加载的简支组合梁，SCB5 梁为对称加载的两跨连续组合梁，其构造尺寸和荷载分布如图 4-32 所示。钢梁为 180mm × 100mm 的箱形截面梁，混凝土翼板为 600mm × 70mm，板内配筋率为 1.347%。钢梁与混凝土板之间采用 ϕ10mm × 50mm 的栓钉连接，SCB2 梁的布置间距为 120mm，每排两根；SCB5 梁在正弯矩区布置间距为 80mm，负弯矩区为 60mm，每排两根。

SCB2 梁和 SCB5 梁均布置一根 7 Φ^{s}5 钢绞线来施加预应力，如图 4-32 所示，钢绞线强度标准值取值 f_{pk} = 1 860MPa，弹性模量 E_{p} = 1.95 × 10^{5} MPa。计入实际预应力损失后，SCB2 梁实际有效张拉力为 164kN，SCB5 梁实际有效张拉力为 108kN。

混凝土材料受压应力—应变曲线关系采用 Hongnestad 曲线，受拉段采用弹脆性模型，混凝土各材料参数取值如表 4-7 所示；钢材应力—应变曲线采用双折线模型，各拐点处的应力、应变取值如表 4-8 所示。

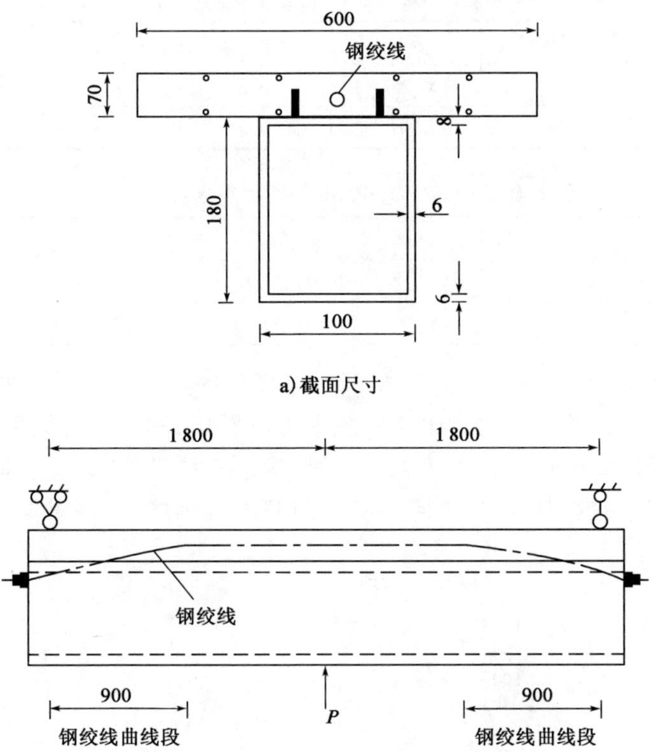

a)截面尺寸

b)SCB2梁尺寸及加载方式(倒置加载)

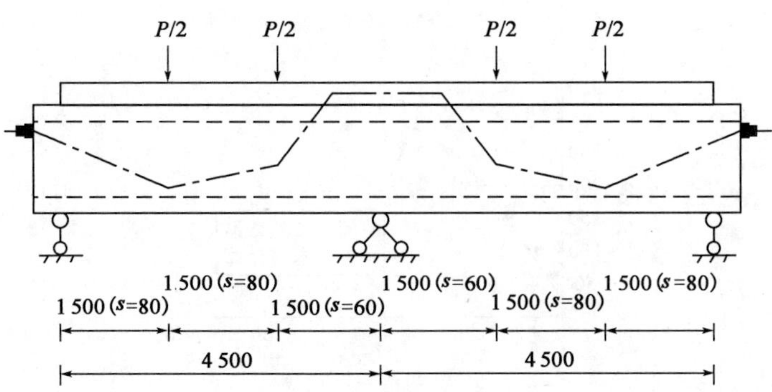

c)SCB2梁尺寸及加载方式

图4-32 组合梁SCB2和SCB5构造及加载方式(尺寸单位:mm)

组合梁 SCB2、SCB5 混凝土材料参数表　　表 4-7

梁编号	f_c(MPa)	ε_0	ε_{cu}	f_t(MPa)	E_c(MPa)
SCB2	32	0.002	0.003 8	1.96	32 000
SCB5	24	0.001 5	0.003 8	2.5	32 000

组合梁 SCB2、SCB5 钢材材料参数表　　表 4-8

项　目	f_y(MPa)	ε_y	f_u(MPa)	ε_u
钢梁	370	0.001 85	450	0.32
钢筋	395	0.001 98	560	0.302

图 4-33 和图 4-34 给出了组合梁 SCB2 和 SCB5 荷载—变形曲线的非线性有限元分析结果与试验结果的对比。从图中可以看出，利用退化梁单元程序计算的结果和试验值吻合良好。当荷载较小时，变形成线性增加，随着荷载的增大，混凝土板开裂，结构刚度出现下降。随着荷载的继续增大，钢梁发生屈服，组合梁的变形明显成非线性增长。

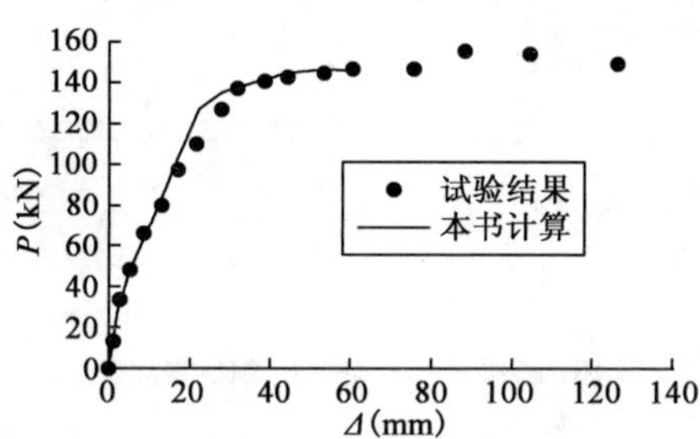

图 4-33　SCB2 梁跨中截面荷载—挠度曲线

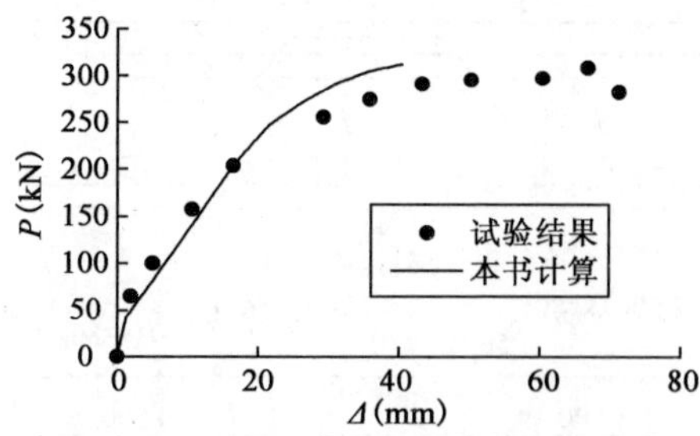

图 4-34　SCB5 梁跨中截面荷载—挠度曲线

图 4-35 和图 4-36 给出了预应力钢束拉力增量的计算结果，可以看出非线性有限元分析结果较好地反映了实际结构行为。

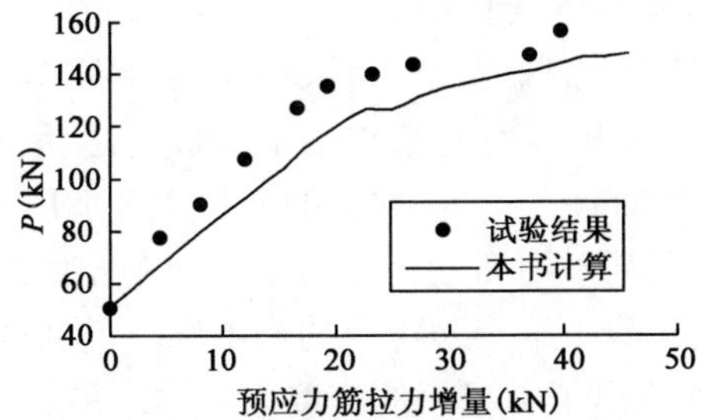

图 4-35　SCB2 梁荷载—预应力筋拉力增量关系

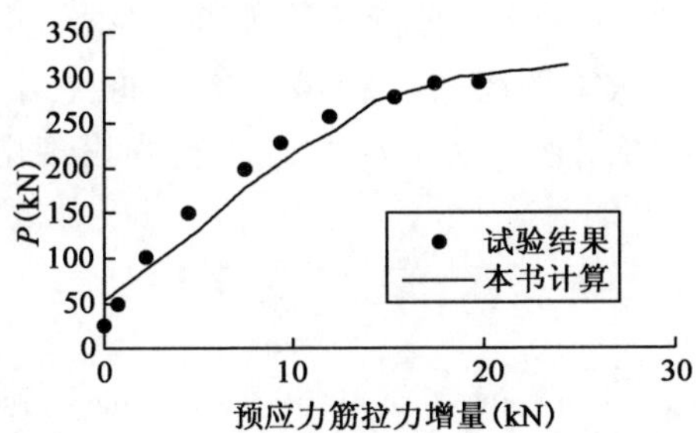

图 4-36　SCB5 梁荷载—预应力筋拉力增量关系

4.4.10　公路钢—混凝土组合连续梁桥[23]

众所周知,目前结构设计时在内力分析阶段一般采用弹性分析方法,而在截面承载能力分析时又采用了塑性分析手段。分析方法的不统一在一定程度上会导致结构设计过于保守或者偏于不安全。本书作者开发的混凝土结构双非线性有限元分析程序 CSBNLA(Concrete Structure Bi - NonLinear Analysis)可以应用于实际大型桥梁工程结构,将内力分析与截面承载力分析有机统一。本节以第 3.3.4 节中介绍的 6×80m 预应力钢—混凝土连续组合梁为例,介绍 CSBNLA 在大型桥梁结构承载能力计算中的应用。

一般而言,恒载变化相对比较稳定,而活载却表现出一定的随机性。因此,在本节的分析中采用恒载不变、活载逐级增加的方式来分析其极限承载力,即恒载 + λ 活载。其中 λ 的最大值反映了桥梁结构所能承受的极限活载相当于标准活载的倍数,类似于"最大活载系数",反映了结构超活载运营的能力。其中标准活载按照《公路桥涵设计通用规范》(JTG D60—2004)规范规定的车道荷载进行计算。

结构的极限承载力是相对于某种特定的荷载分布而言的。桥梁结构成桥时的内力分布将影响到其极限承载力。对于施工过程中结构体系发生转化的超静定结构而言，一次成桥得到的成桥内力与实际内力可能会有较大差异。该桥在设计中结构体系多次转换，钢梁安装和混凝土浇筑顺序多变，因此承载力分析是建立在考虑施工阶段的成桥内力的基础之上。成桥之后的活载加载方式，选取典型控制截面的最不利加载方式，在本文的分析中考虑以下两种工况：

(1)工况一：恒载和基于中间支座处的最不利车道加载。

(2)工况二：恒载和基于第三跨跨中的最不利车道加载。

图4-37～图4-40给出了工况一的挠度和应力结果。从计算结果可以看出，随着活载加载系数的不断增大，活载直接作用的第一、三、四、六跨逐渐下挠，第二跨和第五跨逐渐上挠。当结构达到破坏极限时，混凝土板顶面出现压溃，钢梁底面进入塑性屈服区。从第四跨跨中荷载—挠度曲线结果分析可知，在 $\lambda \leqslant 9$ 时，结构位移响应表现为线性，当 $\lambda > 9$ 时，结构行为表现出强烈的非线性，并很快达到破坏极限。

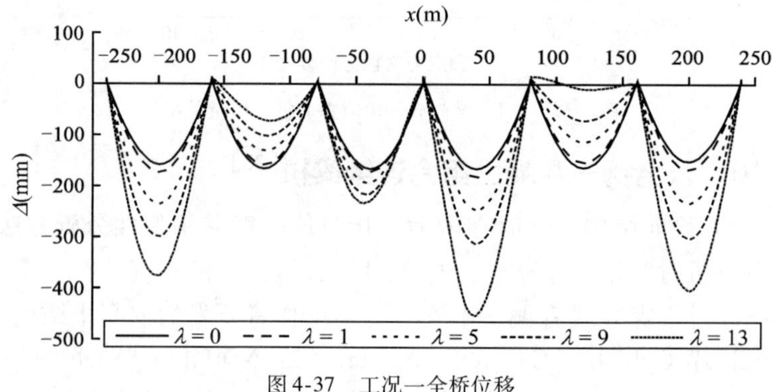

图4-37　工况一全桥位移

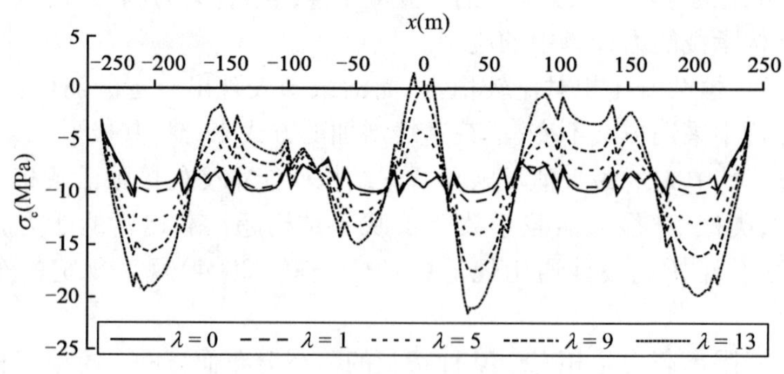

图4-38　工况一全桥混凝土板顶面应力

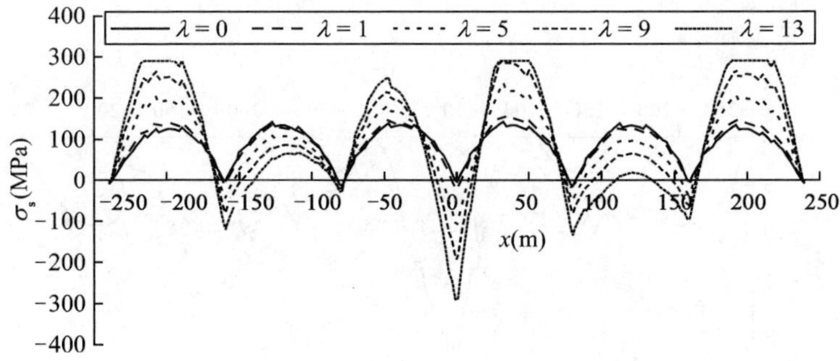

图 4-39　工况一全桥钢梁底面应力

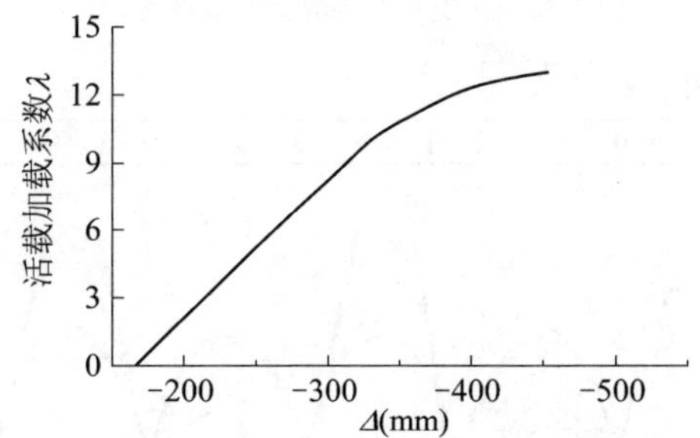

图 4-40　工况一第四跨跨中荷载—挠度曲线

图 4-41 ~ 图 4-44 给出了工况二的挠度和应力结果。从分析结果可以看出，破坏时连续梁表现出了与工况一类似的结构行为。同时，其破坏时活载加载系数相对较低，也就是说，该工况更为不利。

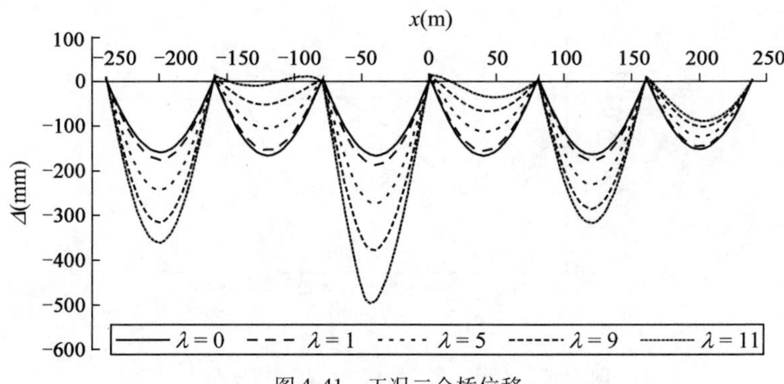

图 4-41　工况二全桥位移

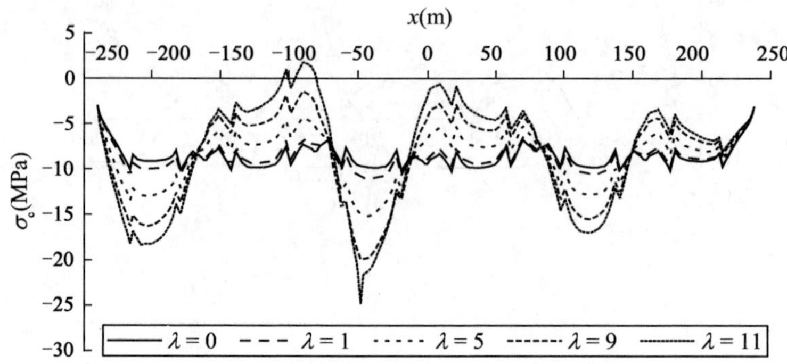

图 4-42　工况二全桥混凝土板顶面应力

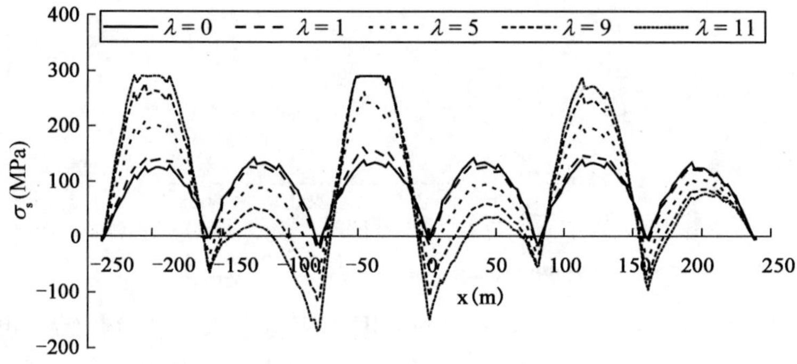

图 4-43　工况二全桥钢梁底面应力

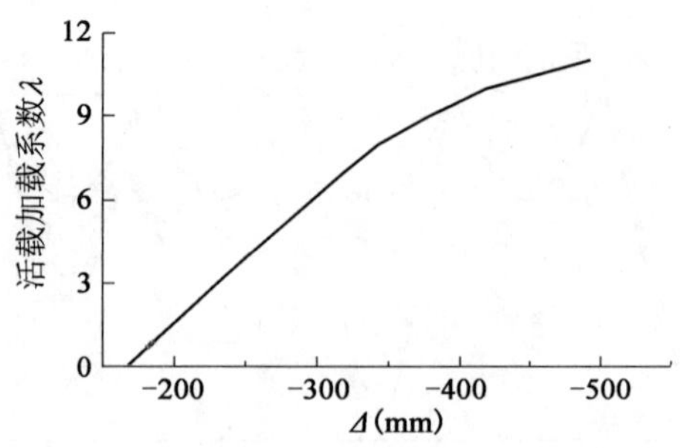

图 4-44　工况二第三跨跨中荷载—挠度曲线

本章参考文献

[1] W. F. Chen. Plasticity in reinforced concrete[M]. McGraw-Hill Book Company.

[2] 韩林海.钢管混凝土结构——理论与实践[M].北京:科学出版社,2004.

[3] 陈宝春,陈友杰,王来永,等.钢管混凝土偏心受压应力—应变关系模型研究[J].中国公路学报,2004,17(1):25-28.

[4] 陈宝春,王来永,欧智菁,等.钢管混凝土偏心受压应力—应变关系试验研究[J].工程力学,2003,20(6):154-159.

[5] H T Hu, C S Huang, Z L Chen. Finite Element Analysis of CFT Columns Subjected to an Axial Compressive Force and Bending Moment in Combination[J]. Journal of Constructional Steel Research, 2005,61(12): 1692-1712.

[6] H T Hu, C S Huang, M H Wu, et al. Nonlinear Analysis of Axially Loaded Concrete-filled Tube Columns with Confinement Effect[J]. Journal of Structural Engineering, ASCE, 2003, 129(10): 1322-1329.

[7] J B Mander, M J N Priestley, R Park. Theoretical Stress-strain Model for Confined Concrete[J]. Journal of Structural Engineering, ASCE, 1988, 114(8): 1804-1826.

[8] Tengfei Xu, Tianyu Xiang, Renda Zhao. Nonlinear Finite Element Analysis of CircCular Concrete-filled Steel Tube Structures[J]. Structural Engineering and Mechanics, 2010, 35(3) : 315-334.

[9] 徐腾飞.钢管混凝土非线性稳定承载力与可靠度研究[D].成都:西南交通大学,2010.

[10] Tianyu Xiang, Yuqiang Tong, Renda Zhao. A General and Versatile Nonlinear Analysis Program for Concrete Bridge Structure[J]. Advances in Engineering Software, 2005, (36):681-690.

[11] 童育强.混凝土结构非线性有限元分析及软件设计[D].成都:西南交通大学,2004.

[12] 朱伯龙,董振祥.钢筋混凝土非线性分析[M].上海:同济大学出版社,1985.

[13] M A Crisfield. An Arc-length Method Including Line Searches and Accelerations[J]. International Journal of Numerical Methods in Engineering, 1983, 19: 1269-1289.

[14] 江见鲸. 钢筋混凝土结构非线性有限元分析[M]. 西安:陕西科学技术出版社,1994.

[15] B A Izzuddin, A A F M Siyam, D L Smith. An Efficient Beam-column Formulation for 3D Reinforced Concrete Frames[J]. Computers and Structures, 2002, 80: 659-676.

[16] 赵人达. 混凝土及其结构的非线性行为研究[D]. 成都:西南交通大学,1990.

[17] J Gardner, E R Jacobson. Structural Behavior of Concrete Filled Steel Tube [J]. ACI Structure Journal, 1967, 64(7): 404-413.

[18] M Tomii, K Yoshimaro, Y Morishita. Experimental Study on Concrete Filled Steel Tubular Stub Column Under Concentric Loading[R]. Washington: SSRC/ASCE, 1979.

[19] M Tomii, K Sakino. Experimental Studies on the Ultimate Moment of Concrete Filled Square Steel Tubular Beam-columns[R]. Transactions of Japan Concrete Institute, 1979.

[20] 汤关祚,招炳泉,竺惠仙,等,钢管混凝土基本力学性能的研究[J]. 建筑结构学报,1982,3(1): 13-31.

[21] 蔡绍怀. 现代钢管混凝土结构[M]. 北京:人民交通出版社,2007.

[22] C Matsui, K Tsuda, Y Ishibashi. Slender Concrete Filled Steel Tubular Columns under Combined Compression and Bending, Proceeding 4th Pacific Structural Steel Conference[C]. Singapore: 1995, 29-36.

[23] 赵刚云. 钢—混凝土组合梁非线性力学性能分析[D]. 成都:西南交通大学,2012.

[24] J G Ollgaard, R G Slutter, J W Fisher. Shear Strength of Stud Connectors in Lightweight and Normal Weight Concrete[J]. AISC Eng J, 1971, 8(2): 55-64.

[25] 聂建国,刘明,叶列平. 钢—混凝土组合结构[M]. 北京:中国建筑工业出版社,2005.

[26] Y C Wang. Deflection of Steel-concrete Composite Beams with Partial Shear Interaction[J]. Journal of Structural Engineering, ASCE, 1998, 124(10): 1159-1165.

[27] G Fabbrocino, M Pecce. Experimental Tests on Steel-Concrete Composite Beams Under Negative Bending[C]. Third Structural Specialty Conference of

the Canadian Society for Civil Engineering, 2000.

[28] 张彦玲.钢—混凝土组合梁负弯矩区受力性能及开裂控制的试验及理论研究[D].北京:北京交通大学,2009.

第 5 章　几何非线性及双非线性有限元分析

5.1　前　　言

一般而言，在正常使用状态下，混凝土结构的几何非线性效应不太显著。但是，在一些特定情况下，对于混凝土结构仍有考虑几何非线性的必要。比如，在结构稳定性研究中，第二类稳定问题，即压溃稳定，在本质上属于极值点稳定问题。为了求得承载能力极值点，就必须综合考虑材料非线性和几何非线性的共同作用[1]。

本章首先简要介绍固体力学几何非线性的基本理论，在此基础上，推导了退化梁单元的几何非线性有限元列式，同时还对求解极值点问题的有限元求解方法——弧长法进行了详细的讨论。

5.2　几何非线性分析的一般理论[2]

5.2.1　物体运动和变形的拉格朗日(Lagrange)表述

在选定一个固定的坐标系后，物体中任一指定点的空间位置即可用一组坐标描述。设在初始时刻，$t_0=0$，质点的坐标为 $X_i(i=1,2,3)$，这个质点随时间运动，在任意时刻 t 的位置用 x_i 表示，则这个质点的运动方程可表示为

$$x_i = x_i(X_j,t),i = 1、2、3 \qquad j = 1,2,3 \tag{5-1}$$

如果物体内所有质点的运动方程都已知，我们就知道了整个物体的运动和变形。对于一个给定时刻 t，组成物体所有质点的这样一个完全的刻划，称为物体在时刻 t 的构形。在描述物体运动和变形时，需要选取一个特定的构形作为基准，这个基准构形称为参考构形。这种借助于运动着的具体物质质点(以参考构形的位置坐标为标记)来考察物体运动和变形的方法称为拉格朗日(Lagrange)描述。

在增量问题求解时，需将时间变量离散为某个序列

$$t = t_0, t_1, \cdots, t_i, t_{i+1}, \cdots \tag{5-2}$$

然后,沿上述序列,在每一增量段内,由已求得的各时刻构形,求得下一时刻构形,如此循环直至结束。

在时间增量段(t_i, t_{i+1})内,为了描述物体的变形,必须选定某一时刻作为参考构形,原则上,$t = t_0, t_1, \cdots, t_i$,任一时刻的构形都可作为参考构形。一般来说,取时刻 t_0 的构形作为参考构形来描述物体的变形称为完全拉格朗日描述,简称 T. L. (Total Lagrange)描述。用时刻 t_i 的构形作为参考构形来描述增量段(t_i, t_{i+1})内物体的变形称为修正拉格朗日描述,简称 U. L. (Updated Lagrange)描述。

5.2.2　大变形问题的虚功方程

大变形情况下的虚功方程可以表示为

$$\int_V S_{ij} \delta E_{ij} \mathrm{d}V_0 = \int_V p_{0i} \delta u_i \mathrm{d}V_0 + \int_A q_{0i} \delta u_i \mathrm{d}A_0 \tag{5-3}$$

式中:S_{ij}——克希霍夫应力;

E_{ij}——格林应变;

V——物体在参考构形中占据的体积;

A——物体在参考构形中的边界;

p_{0i}、q_{0i}——分别为参考构形中体力荷载和表面力荷载;

u_i——相对于参考构形的位移。

大变形情况下的格林应变张量分量 E_{ij}定义为

$$E_{ij} = \frac{1}{2}\left(\frac{\partial u_i}{\partial X_j} + \frac{\partial u_j}{\partial X_i} + \frac{\partial u_k}{\partial X_i}\frac{\partial u_k}{\partial X_j}\right) \tag{5-4}$$

其中,X_i 为参考构形中质点的位置。相比小应变情况下柯西应变张量,可以发现格林应变张量分量 E_{ij}多了一个二次项,此时位移与应变不再呈线性关系。

克希霍夫应力 S_{ij}与格林应变 E_{ij}的关系可以表达为

$$S_{ij} = D^0_{ijkl} E_{kl} \tag{5-5}$$

其中

$$D^0_{ijkl} = |\boldsymbol{J}| \frac{\partial X_i}{\partial x_m}\frac{\partial X_j}{\partial x_n} D_{mnpq} \frac{\partial X_k}{\partial x_p}\frac{\partial X_l}{\partial x_q} \tag{5-6}$$

式中:D_{mnpq}——小变形情况下的本构张量;

$|\boldsymbol{J}|$——雅克比矩阵行列式的值。

由上述关系可知,克希霍夫应力 S_{ij}与格林应变 E_{ij}的关系为非小变形情况下的本构关系,而需进行如式(5-6)的转换。显然,在计算分析中,在每个积分点

都进行式(5-6)的转换是相当费时的。对于大多数大位移、大转角、小应变的几何非线性分析,可以近似认为

$$D_{ijkl}^{0} \approx D_{ijkl} \tag{5-7}$$

已有研究表明,上述近似能满足绝大多数的工程计算精度要求[2]。

5.2.3 大变形增量问题的 U. L. 方法

如前所述,固体运动和变形的描述方法可以分为完全拉格朗日描述(T. L.)和修正拉格朗日描述(U. L.)两种。在实际计算中,这两种方法都有使用。考虑到目前更多的研究人员习惯使用修正拉格朗日描述(U. L.),在本书中只介绍与其相关内容。完全拉格朗日描述(T. L.)在基本理论上与修正拉格朗日描述(U. L.)是完全相通的,具体推导细节可参考文献[2]。

设由时刻 t_i 到时刻 t_{i+1} 结构产生的位移增量为 Δu_i,用有限元插值函数表示为

$$\Delta u_i = N\Delta u_i^{e} \tag{5-8}$$

式中:N——插值函数;

Δu_i^{e}——节点位移增量。

考虑到 U. L. 描述是以时刻 t_i 的构形为参考构形的,所以,格林应变增量可以表示为

$$\Delta E_{ij} = \frac{1}{2}\left(\frac{\partial \Delta u_i}{\partial x_j} + \frac{\partial \Delta u_j}{\partial x_i} + \frac{\partial \Delta u_k}{\partial x_i}\frac{\partial \Delta u_k}{\partial x_j}\right) \tag{5-9}$$

式中:x_i——时刻 t_i 时质点的位置坐标。

式(5-9)可以分解为

$$\Delta E_{ij} = \Delta E_{ij}^{\mathrm{L}} + \Delta E_{ij}^{\mathrm{N}} \tag{5-10}$$

其中

$$\Delta E_{ij}^{\mathrm{L}} = \frac{1}{2}\left(\frac{\partial \Delta u_i}{\partial x_j} + \frac{\partial \Delta u_j}{\partial x_i}\right) \tag{5-11}$$

$$\Delta E_{ij}^{\mathrm{N}} = \frac{1}{2}\frac{\partial \Delta u_k}{\partial x_i}\frac{\partial \Delta u_k}{\partial x_j} \tag{5-12}$$

式中:$\Delta E_{ij}^{\mathrm{L}}$和 $\Delta E_{ij}^{\mathrm{N}}$——分别代表了应变增量的线性部分和非线性部分。

对式(5-11)、式(5-12)采用矢量记法得

$$\Delta \boldsymbol{E} = \Delta \boldsymbol{E}_{\mathrm{L}} + \Delta \boldsymbol{E}_{\mathrm{N}} \tag{5-13}$$

$$\Delta \boldsymbol{u} = \boldsymbol{N}\Delta \boldsymbol{u}_{\mathrm{e}} \tag{5-14}$$

其中

$$\Delta \boldsymbol{E} = [\Delta E_{11} \quad \Delta E_{22} \quad \Delta E_{33} \quad 2\Delta E_{12} \quad 2\Delta E_{13} \quad 2\Delta E_{23}]^{\mathrm{T}} \tag{5-15}$$

$$\Delta \boldsymbol{E}_{\mathrm{L}} = [\Delta E_{11}^{\mathrm{L}} \quad \Delta E_{22}^{\mathrm{L}} \quad \Delta E_{33}^{\mathrm{L}} \quad 2\Delta E_{12}^{\mathrm{L}} \quad 2\Delta E_{13}^{\mathrm{L}} \quad 2\Delta E_{23}^{\mathrm{L}}]^{\mathrm{T}} \tag{5-16}$$

$$\Delta \boldsymbol{E}_{\mathrm{N}} = [\Delta E_{11}^{\mathrm{N}} \quad \Delta E_{22}^{\mathrm{N}} \quad \Delta E_{33}^{\mathrm{N}} \quad 2\Delta E_{12}^{\mathrm{N}} \quad 2\Delta E_{13}^{\mathrm{N}} \quad 2\Delta E_{23}^{\mathrm{N}}]^{\mathrm{T}} \tag{5-17}$$

$$\Delta \boldsymbol{u} = [\Delta u \quad \Delta v \quad \Delta w]^{\mathrm{T}} \tag{5-18}$$

式中：$\boldsymbol{N}$——插值函数矩阵；

$\Delta \boldsymbol{u}_{\mathrm{e}}$——节点位移矢量。

则

$$\Delta \boldsymbol{E}_{\mathrm{L}} = \boldsymbol{L}\Delta \boldsymbol{u} \tag{5-19}$$

$$\Delta \boldsymbol{E}_{\mathrm{N}} = \frac{1}{2}\Delta \boldsymbol{A}\boldsymbol{H}\Delta \boldsymbol{u} \tag{5-20}$$

其中

$$\boldsymbol{L} = \begin{bmatrix} \frac{\partial}{\partial x} & 0 & 0 \\ 0 & \frac{\partial}{\partial y} & 0 \\ 0 & 0 & \frac{\partial}{\partial z} \\ \frac{\partial}{\partial y} & \frac{\partial}{\partial x} & 0 \\ \frac{\partial}{\partial z} & 0 & \frac{\partial}{\partial x} \\ 0 & \frac{\partial}{\partial z} & \frac{\partial}{\partial y} \end{bmatrix} \tag{5-21}$$

$$\Delta \boldsymbol{A}=\begin{bmatrix} \frac{\partial \Delta u}{\partial x} & \frac{\partial \Delta v}{\partial x} & \frac{\partial \Delta w}{\partial x} & 0 & 0 & 0 & 0 & 0 & 0 \\ 0 & 0 & 0 & \frac{\partial \Delta u}{\partial y} & \frac{\partial \Delta v}{\partial y} & \frac{\partial \Delta w}{\partial y} & 0 & 0 & 0 \\ 0 & 0 & 0 & 0 & 0 & 0 & \frac{\partial \Delta u}{\partial z} & \frac{\partial \Delta v}{\partial z} & \frac{\partial \Delta w}{\partial z} \\ \frac{\partial \Delta u}{\partial y} & \frac{\partial \Delta v}{\partial y} & \frac{\partial \Delta w}{\partial y} & \frac{\partial \Delta u}{\partial x} & \frac{\partial \Delta v}{\partial x} & \frac{\partial \Delta w}{\partial x} & 0 & 0 & 0 \\ \frac{\partial \Delta u}{\partial z} & \frac{\partial \Delta v}{\partial z} & \frac{\partial \Delta w}{\partial z} & 0 & 0 & 0 & \frac{\partial \Delta u}{\partial x} & \frac{\partial \Delta v}{\partial x} & \frac{\partial \Delta w}{\partial x} \\ 0 & 0 & 0 & \frac{\partial \Delta u}{\partial z} & \frac{\partial \Delta v}{\partial z} & \frac{\partial \Delta w}{\partial z} & \frac{\partial \Delta u}{\partial y} & \frac{\partial \Delta v}{\partial y} & \frac{\partial \Delta w}{\partial y} \end{bmatrix} \tag{5-22}$$

$$\boldsymbol{H}=\begin{bmatrix} \frac{\partial}{\partial x}\boldsymbol{I} \\ \frac{\partial}{\partial y}\boldsymbol{I} \\ \frac{\partial}{\partial z}\boldsymbol{I} \end{bmatrix} \tag{5-23}$$

式中：$\boldsymbol{I}$——3×3 阶单位矩阵。

考虑式(5-14)，则

$$\Delta \boldsymbol{E}_{\mathrm{L}}=\boldsymbol{B}_{\mathrm{L}}\Delta \boldsymbol{u}_{\mathrm{e}} \tag{5-24}$$

$$\Delta \boldsymbol{E}_{\mathrm{N}}=\tilde{\boldsymbol{B}}_{\mathrm{N}}\Delta \boldsymbol{u}_{\mathrm{e}} \tag{5-25}$$

其中

$$\boldsymbol{B}_{\mathrm{L}}=\boldsymbol{L}\boldsymbol{N} \tag{5-26}$$

$$\tilde{\boldsymbol{B}}_{\mathrm{N}}=\frac{1}{2}\Delta \boldsymbol{A}\boldsymbol{G} \tag{5-27}$$

$$\boldsymbol{G}=\boldsymbol{H}\boldsymbol{N} \tag{5-28}$$

所以

$$\Delta \boldsymbol{E}=\tilde{\boldsymbol{B}}\Delta \boldsymbol{u}_{\mathrm{e}} \tag{5-29}$$

其中

$$\tilde{\boldsymbol{B}} = \boldsymbol{B}_{\mathrm{L}} + \boldsymbol{B}_{\mathrm{N}} \tag{5-30}$$

对式(5-29)进行变分,可以导出

$$\delta\Delta\boldsymbol{E} = \boldsymbol{B}\delta\Delta\boldsymbol{u}_{\mathrm{e}} \tag{5-31}$$

其中

$$\boldsymbol{B} = \boldsymbol{B}_{\mathrm{L}} + \boldsymbol{B}_{\mathrm{N}} \tag{5-32}$$

$$\boldsymbol{B}_{\mathrm{N}} = 2\tilde{\boldsymbol{B}}_{\mathrm{N}} = \Delta\boldsymbol{A}\boldsymbol{G} \tag{5-33}$$

下面推导切线刚度矩阵,将式(5-3)写成矩阵形式为

$$\int_V \delta\,\Delta\boldsymbol{E}^{\mathrm{T}}\boldsymbol{S}\mathrm{d}V = \int_V \delta\,\boldsymbol{u}^{\mathrm{T}}\boldsymbol{p}\mathrm{d}V + \int_A \delta\,\boldsymbol{u}^{\mathrm{T}}\boldsymbol{q}\mathrm{d}A \tag{5-34}$$

式中: $\boldsymbol{S}$ ——克希霍夫应力矢量;

$\boldsymbol{p}$、$\boldsymbol{q}$ ——分别为体积力和表面力矢量。

将式(5-14)和式(5-31)代入上式得平衡方程

$$\int_V \boldsymbol{B}^{\mathrm{T}}\boldsymbol{S}\mathrm{d}V = \int_V \boldsymbol{N}^{\mathrm{T}}\boldsymbol{p}\mathrm{d}V + \int_A \boldsymbol{N}^{\mathrm{T}}\boldsymbol{q}\mathrm{d}A \tag{5-35}$$

将上式改写为

$$\boldsymbol{\psi} = \int_V \boldsymbol{B}^{\mathrm{T}}\boldsymbol{S}\mathrm{d}V - \boldsymbol{R} = \boldsymbol{0} \tag{5-36}$$

其中

$$\boldsymbol{R} = \int_V \boldsymbol{N}^{\mathrm{T}}\boldsymbol{p}\mathrm{d}V + \int_A \boldsymbol{N}^{\mathrm{T}}\boldsymbol{q}\mathrm{d}A \tag{5-37}$$

显然, $\boldsymbol{R}$ 的物理意义为荷载的等效节点力矢量。

为了求得切线刚度矩阵,对式(5-36)求导

$$\mathrm{d}\boldsymbol{\psi} = \int_V \boldsymbol{B}^{\mathrm{T}}\mathrm{d}\boldsymbol{S}\mathrm{d}V + \int_V \mathrm{d}\,\boldsymbol{B}^{\mathrm{T}}\boldsymbol{S}\mathrm{d}V = \boldsymbol{K}_{\mathrm{T}}\mathrm{d}\,\boldsymbol{u}_{\mathrm{e}} \tag{5-38}$$

式中: $\boldsymbol{K}_{\mathrm{T}}$ ——切线刚度矩阵,其由两部分组成。

考虑关系

$$\mathrm{d}\boldsymbol{S} = \boldsymbol{D}\mathrm{d}\boldsymbol{E} = \boldsymbol{D}\boldsymbol{B}\mathrm{d}\,\boldsymbol{u}_{\mathrm{e}} \tag{5-39}$$

则式(5-38)的第一部分为

$$\int_V \boldsymbol{B}^{\mathrm{T}}\mathrm{d}\boldsymbol{S}\mathrm{d}V = \int_V \boldsymbol{B}^{\mathrm{T}}\boldsymbol{D}\boldsymbol{B}\mathrm{d}V \cdot \mathrm{d}\,\boldsymbol{u}_{\mathrm{e}} = \boldsymbol{K}_{\mathrm{D}} \cdot \mathrm{d}\,\boldsymbol{u}_{\mathrm{e}} \tag{5-40}$$

考虑式(5-32),则 $\boldsymbol{K}_{\mathrm{D}}$ 可以表示为

$$\boldsymbol{K}_{\mathrm{D}} = \int_V (\boldsymbol{B}_{\mathrm{L}} + \boldsymbol{B}_{\mathrm{N}})^{\mathrm{T}}\boldsymbol{D}(\boldsymbol{B}_{\mathrm{L}} + \boldsymbol{B}_{\mathrm{N}})\mathrm{d}V$$

$$= \int_V \boldsymbol{B}_L^T \boldsymbol{D} \boldsymbol{B}_L \mathrm{d}V + \int_V \boldsymbol{B}_L^T \boldsymbol{D} \boldsymbol{B}_N \mathrm{d}V + \int_V \boldsymbol{B}_N^T \boldsymbol{D} \boldsymbol{B}_L \mathrm{d}V + \int_V \boldsymbol{B}_N^T \boldsymbol{D} \boldsymbol{B}_N \mathrm{d}V \tag{5-41}$$

对于式(5-38)的第二部分,因为 $\mathrm{d}\boldsymbol{B}_L = 0$,所以

$$\mathrm{d}\boldsymbol{B} = \mathrm{d}\boldsymbol{B}_L + \mathrm{d}\boldsymbol{B}_N = \mathrm{d}\boldsymbol{B}_N \tag{5-42}$$

考虑式(5-33),则

$$\int_V \mathrm{d}\boldsymbol{B}^T \boldsymbol{S} \mathrm{d}V = \int_V \mathrm{d}\boldsymbol{B}_N^T \boldsymbol{S} \mathrm{d}V = \int_V \boldsymbol{G}^T \mathrm{d}\Delta \boldsymbol{A}^T \boldsymbol{S} \mathrm{d}V \tag{5-43}$$

式(5-43)中,$\mathrm{d}\Delta \boldsymbol{A}^T \boldsymbol{S}$ 可以化简为

$$\mathrm{d}\Delta \boldsymbol{A}^T \boldsymbol{S} = \boldsymbol{M}\boldsymbol{G}\mathrm{d}\boldsymbol{u}_e \tag{5-44}$$

其中

$$\boldsymbol{M} = \begin{bmatrix} S_{xx}\boldsymbol{I} & S_{xy}\boldsymbol{I} & S_{xz}\boldsymbol{I} \\ S_{xy}\boldsymbol{I} & S_{yy}\boldsymbol{I} & S_{yz}\boldsymbol{I} \\ S_{xz}\boldsymbol{I} & S_{yz}\boldsymbol{I} & S_{zz}\boldsymbol{I} \end{bmatrix} \tag{5-45}$$

式中:$\boldsymbol{I}$ ——3 × 3 阶单位矩阵。

将式(5-44)代入式(5-43)得

$$\int_V \mathrm{d}\boldsymbol{B}^T \boldsymbol{S} \mathrm{d}V = \int_V \boldsymbol{G}^T \boldsymbol{M}\boldsymbol{G} \mathrm{d}V \cdot \mathrm{d}\,\boldsymbol{u}_e \tag{5-46}$$

对于式(5-41),切线刚度矩阵一般只取线性部分,则切线刚度矩阵为

$$\boldsymbol{K}_T = \boldsymbol{K}_0 + \boldsymbol{K}_\sigma \tag{5-47}$$

其中

$$\boldsymbol{K}_0 = \int_V \boldsymbol{B}_L^T \boldsymbol{D}\, \boldsymbol{B}_L \mathrm{d}V \tag{5-48}$$

$$\boldsymbol{K}_\sigma = \int_V \boldsymbol{G}^T \boldsymbol{M}\boldsymbol{G} \mathrm{d}V \tag{5-49}$$

其中,$\boldsymbol{K}_0$ 为小位移刚度矩阵,$\boldsymbol{K}_\sigma$ 为几何刚度矩阵。

5.3 退化梁单元几何非线性有限元分析

利用第3章介绍的退化梁单元理论,采用 U. L. 描述,则可推导退化梁单元的几何非线性有限元分析列式。对于几何矩阵中线性部分 $\boldsymbol{B}_L$ 的求法,与第3章介绍的内容一致,本节主要介绍与几何非线性相关部分的理论推导。由式(5-33)和式(5-49)可知,为了求得非线性几何矩阵 $\boldsymbol{B}_N$ 与几何刚度矩阵 $\boldsymbol{K}_\sigma$,需要求得矩阵 $\boldsymbol{G}$ 和 $\Delta \boldsymbol{A}$ 。

位移插值仍然沿用第3章的式(3-13),有

$$\begin{bmatrix}\Delta u\\ \Delta v\\ \Delta w\end{bmatrix}^{t_i}=\sum_{j=1}^{2}N_j\begin{bmatrix}1 & 0 & 0 & 0 & y'n_2+z'n_3 & -y'm_2-z'm_3\\ 0 & 1 & 0 & -y'n_2-z'n_3 & 0 & y'l_2+z'l_3\\ 0 & 0 & 1 & y'm_2+z'm_3 & -y'l_2-z'l_3 & 0\end{bmatrix}\begin{bmatrix}\Delta u_j\\ \Delta v_j\\ \Delta w_j\\ \Delta\alpha_{j1}\\ \Delta\alpha_{j2}\\ \Delta\alpha_{j3}\end{bmatrix}^{t_i} \tag{5-50}$$

其中,$\begin{bmatrix}\Delta u\\ \Delta v\\ \Delta w\end{bmatrix}^{t_i}$为时刻 t_i 时的位移增量,其余变量含义同第3章。

将式(5-50)代入式(5-28),可以得到

$$\boldsymbol{G}=[\boldsymbol{G}_1\quad \boldsymbol{G}_2] \tag{5-51}$$

其中

$$\boldsymbol{G}_j=\begin{bmatrix}N_{j'x}\boldsymbol{I} & \boldsymbol{G}_{j12}\\ N_{j'y}\boldsymbol{I} & \boldsymbol{G}_{j22}\\ N_{j'z}\boldsymbol{I} & \boldsymbol{G}_{j32}\end{bmatrix} \tag{5-52}$$

式中:$\boldsymbol{I}$——3×3 阶单位矩阵。

$$\boldsymbol{G}_{j12}=\begin{bmatrix}0 & [N_j(y'n_2+z'n_3)]_{'x} & [-N_j(y'm_2+z'm_3)]_{'x}\\ [-N_j(y'n_2+z'n_3)]_{'x} & 0 & [N_j(y'l_2+z'l_3)]_{'x}\\ [N_j(y'm_2+z'm_3)]_{'x} & [-N_j(y'l_2+z'l_3)]_{'x} & 0\end{bmatrix} \tag{5-53}$$

$$\boldsymbol{G}_{j22}=\begin{bmatrix}0 & [N_j(y'n_2+z'n_3)]_{'y} & [-N_j(y'm_2+z'm_3)]_{'y}\\ [-N_j(y'n_2+z'n_3)]_{'y} & 0 & [N_j(y'l_2+z'l_3)]_{'y}\\ [N_j(y'm_2+z'm_3)]_{'y} & [-N_j(y'l_2+z'l_3)]_{'y} & 0\end{bmatrix} \tag{5-54}$$

$$\boldsymbol{G}_{j32}=\begin{bmatrix}0 & [N_j(y'n_2+z'n_3)]_{'z} & [-N_j(y'm_2+z'm_3)]_{'z}\\ [-N_j(y'n_2+z'n_3)]_{'z} & 0 & [N_j(y'l_2+z'l_3)]_{'z}\\ [N_j(y'm_2+z'm_3)]_{'z} & [-N_j(y'l_2+z'l_3)]_{'z} & 0\end{bmatrix} \tag{5-55}$$

对式(5-50)求导,则可以得到 $\Delta\boldsymbol{A}$ 中的各个元素

$$\begin{bmatrix}\dfrac{\partial \Delta u}{\partial x}\\ \dfrac{\partial \Delta v}{\partial x}\\ \dfrac{\partial \Delta w}{\partial x}\end{bmatrix}^{t_i} = \sum_{j=1}^{2}\left[N_{j'x}\boldsymbol{I} \quad \boldsymbol{G}_{j12}\right]\begin{bmatrix}\Delta u_j\\ \Delta v_j\\ \Delta w_j\\ \Delta\alpha_{j1}\\ \Delta\alpha_{j2}\\ \Delta\alpha_{j3}\end{bmatrix}^{t_i} \tag{5-56}$$

$$\begin{bmatrix}\dfrac{\partial \Delta u}{\partial y}\\ \dfrac{\partial \Delta v}{\partial y}\\ \dfrac{\partial \Delta w}{\partial y}\end{bmatrix}^{t_i} = \sum_{j=1}^{2}\left[N_{j'y}\boldsymbol{I} \quad \boldsymbol{G}_{j22}\right]\begin{bmatrix}\Delta u_j\\ \Delta v_j\\ \Delta w_j\\ \Delta\alpha_{j1}\\ \Delta\alpha_{j2}\\ \Delta\alpha_{j3}\end{bmatrix}^{t_i} \tag{5-57}$$

$$\begin{bmatrix}\dfrac{\partial \Delta u}{\partial z}\\ \dfrac{\partial \Delta v}{\partial z}\\ \dfrac{\partial \Delta w}{\partial z}\end{bmatrix}^{t_i} = \sum_{j=1}^{2}\left[N_{j'z}\boldsymbol{I} \quad \boldsymbol{G}_{j32}\right]\begin{bmatrix}\Delta u_j\\ \Delta v_j\\ \Delta w_j\\ \Delta\alpha_{j1}\\ \Delta\alpha_{j2}\\ \Delta\alpha_{j3}\end{bmatrix}^{t_i} \tag{5-58}$$

根据第 3 章给出的 $N_{j'x}$, $N_{j'y}$, $N_{j'z}$, $y'_{,x}$ 、$y'_{,y}$ 、$y'_{,z}$ 、$z'_{,x}$ 、$z'_{,y}$ 和 $z'_{,z}$ 求解方法,可以计算得到式(5-52) ~ 式(5-58)中各个元素的值,由此求得矩阵 $\boldsymbol{G}$ 和 $\Delta\boldsymbol{A}$,进而计算得到非线性几何矩阵 $\boldsymbol{B}_{\mathrm{N}}$ 与几何刚度矩阵 $\boldsymbol{K}_{\sigma}$ 。

5.4 弧 长 法

在结构的非线性有限元分析中,经常会遇到需要分析通过荷载—位移曲线峰值点和结构出现负刚度的情况,如:

(1)当结构的延性、最大承载力和破坏模式等因素作为研究的重点时,需进行结构的全过程分析,而在全过程分析中,通过峰值点和负刚度等情况经常出现。

(2)在结构的几何非线性稳定计算的前、后屈曲分析中,峰值点和负刚度问题是不可避免的。

(3)结构稳定计算的压溃理论中,经常需要考虑几何非线性和材料非线性的双重非线性耦合作用,此时压溃荷载便是峰值点荷载[1]。

显然,用传统的荷载增量算法,如牛顿—拉斐逊法,是无法解决上述问题的。为了解决上述问题,先后出现了不同的求解算法。其中,通过在结构合适的位置加虚拟弹簧,使得结构的整体刚度变正,是原理最简单也是最易实现的算法[3,4],但是,当结构形式较为复杂时,确定虚拟弹簧的位置是非常困难的;通过在峰值点处卸载也可以解决结构的负刚度问题,但是这种算法最大的困难在于峰值点的确定以及确保卸载路径是沿位移增大的方向而非沿位移减小的方向[5];通过变换刚度矩阵,使得可能出现加卸载变化的荷载分量成为待求量,而将相应的位移分量作为加载变量的算法,称为位移加载算法[6],但是,经矩阵变换后,刚度矩阵原有的带状特性被破坏,这给存储和求解都带来了不便,同时,当结构形式较为复杂时,确定加载位移分量也是很困难的。

相较以上各种算法而言,弧长法是理论上最完备,也是最有效的一种算法,被广泛应用于各种结构的非线性分析中[7-10]。其最初思想由 Wamper[7] 和 Riks[8] 提出,能有效地克服结构负刚度引起的求解困难,对于求解极值点问题及下降段问题具有独到的优势,已被广泛地应用于结构几何非线性分析中的非线性稳定等问题的求解。但将其应用于混凝土结构的材料非线性有限元分析却未取得预期的效果。究其原因,主要是算法不能有效地处理由于混凝土开裂等因素引起的应变局部化问题,文献[9]和文献[10]针对这一问题进行了相应的研究。在本节中,将在上述已有工作基础上,对弧长法的基本原理进行讨论。

在弧长法的迭代求解过程中,在任一增量步内,其迭代控制方程可写为

$$\Delta \boldsymbol{p}_i^{\mathrm{T}} \Delta \boldsymbol{p}_i + A_0 \Delta \lambda_i^2 \boldsymbol{q}^{\mathrm{T}} \boldsymbol{q} = \Delta \boldsymbol{p}_{i+1}^{\mathrm{T}} \Delta \boldsymbol{p}_{i+1} + A_0 \Delta \lambda_{i+1}^2 \boldsymbol{q}^{\mathrm{T}} \boldsymbol{q} = \Delta l^2 \tag{5-59}$$

式中:$\Delta \boldsymbol{p}_i$ ——第 i 次迭代的位移增量矢量;

$\Delta \lambda_i$ ——第 i 次迭代的荷载增量因子;

$\boldsymbol{q}$ ——荷载矢量;

A_0 ——标量;

Δl ——弧长。

弧长法迭代示意如图 5-1 所示。

由式(5-59)和图 5-1 不难看出,每一增量步内,解的搜寻过程总是在荷载—位移空间中以上一收敛点为中心的椭圆体上进行,即解的搜寻过程不得偏离上一收敛点。显然,加上式(5-59)的迭代控制条件后,从直观上看,迭代求解可以成功越过图 5-1 中的峰值点 A,而传统的牛顿—拉斐逊迭代求解是无法越过峰值点 A 的。

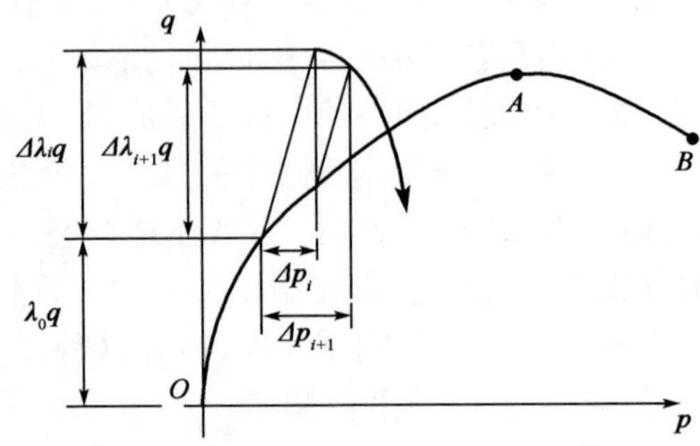

图 5-1 弧长法迭代示意

在弧长法最初的研究中,文献[7]和文献[8]采用了将式(5-59)线性化的方法,令

$$\Delta \boldsymbol{p}_{i+1} = \Delta \boldsymbol{p}_i + \boldsymbol{\delta}_i \tag{5-60}$$

$$\Delta \lambda_{i+1} = \Delta \lambda_i + \delta \lambda_i \tag{5-61}$$

式中:$\boldsymbol{\delta}_i$ ——第 $i+1$ 次迭代的增量位移;

$\delta\lambda_i$ ——第 $i+1$ 次迭代的增量荷载因子。

将式(5-60)、式(5-61)代入式(5-59)得

$$\Delta \boldsymbol{p}_i^{\mathrm{T}} \Delta \boldsymbol{p}_i + A_0 \Delta \lambda_i^2 \boldsymbol{q}^{\mathrm{T}} \boldsymbol{q} = (\Delta \boldsymbol{p}_i + \boldsymbol{\delta}_i)^{\mathrm{T}} (\Delta \boldsymbol{p}_i + \boldsymbol{\delta}_i) + A_0 (\Delta \lambda_i + \delta \lambda_i)^2 \boldsymbol{q}^{\mathrm{T}} \boldsymbol{q} \tag{5-62}$$

化简式(5-62),并只保留线性项,有

$$\boldsymbol{\delta}_i^{\mathrm{T}} \Delta \boldsymbol{p}_i + A_0 \delta \lambda_i \Delta \lambda_i \boldsymbol{q}^{\mathrm{T}} \boldsymbol{q} = 0 \tag{5-63}$$

这便是所谓的固定法平面条件(Fixed Normal Plane Constraint),其物理意义是增量($\boldsymbol{\delta}_i, \delta\lambda_i$)在荷载—位移空间中总与($\Delta \boldsymbol{p}_i, \Delta\lambda_i$)组成的超平面垂直。

设第 i 次迭代后,不平衡力为

$$\boldsymbol{e}_i = \boldsymbol{E}_i - \boldsymbol{F}_i \tag{5-64}$$

式中:$\boldsymbol{E}_i$——外加荷载,在第 i 次迭代时为$(\lambda_0 + \Delta\lambda_i)\boldsymbol{q}$;

$\boldsymbol{F}_i$——等效节点力。

考虑式(5-60)和式(5-61),得

$$\boldsymbol{K} \boldsymbol{\delta}_i = \boldsymbol{e}_i + \delta \lambda_i \boldsymbol{q} \tag{5-65}$$

式中:$\boldsymbol{K}$——刚度矩阵。

联立式(5-65)中的 n 个方程和式(5-63)中的 1 个方程,由这 $n+1$ 个方程可以求得 $\boldsymbol{\delta}_i$ 和 $\delta\lambda_i$ 共 $n+1$ 个未知数,这就是弧长法最初的直接算法。这种算法在求解过程中,由于联立方程时破坏了刚度矩阵的带状性,求解效率较低,目前

一般很少应用。

由于最初的直接法求解效率较低,文献[9]提出了间接算法,由式(5-65)可得出

$$\boldsymbol{\delta}_i = \boldsymbol{K}^{-1}\boldsymbol{e}_i + \delta\lambda_i\boldsymbol{K}^{-1}\boldsymbol{q} = \boldsymbol{\delta}_{ei} + \delta\lambda_i\boldsymbol{\delta}_{q} \tag{5-66}$$

其中

$$\boldsymbol{\delta}_{ei} = \boldsymbol{K}^{-1}\boldsymbol{e}_i \tag{5-67}$$

$$\boldsymbol{\delta}_{q} = \boldsymbol{K}^{-1}\boldsymbol{q} \tag{5-68}$$

则第 $i+1$ 次迭代的位移增量为

$$\Delta\boldsymbol{p}_{i+1} = \Delta\boldsymbol{p}_i + \boldsymbol{\delta}_i = \Delta\boldsymbol{p}_i + \boldsymbol{\delta}_{ei} + \delta\lambda_i\boldsymbol{\delta}_{q} \tag{5-69}$$

将式(5-69)代入式(5-59),并取 $A_0=0$,得

$$(\Delta\boldsymbol{p}_i + \boldsymbol{\delta}_{ei} + \delta\lambda_i\boldsymbol{\delta}_{q})^{\mathrm{T}}(\Delta\boldsymbol{p}_i + \boldsymbol{\delta}_{ei} + \delta\lambda_i\boldsymbol{\delta}_{q}) = \Delta l^2 \tag{5-70}$$

整理上式得

$$a_1\delta\lambda_i^2 + a_2\delta\lambda_i + a_3 = 0 \tag{5-71}$$

其中

$$a_1 = \boldsymbol{\delta}_{q}^{\mathrm{T}}\boldsymbol{\delta}_{q} \tag{5-72}$$

$$a_2 = 2\boldsymbol{\delta}_{q}^{\mathrm{T}}(\Delta\boldsymbol{p}_i + \boldsymbol{\delta}_{ei}) \tag{5-73}$$

$$a_3 = (\Delta\boldsymbol{p}_i + \boldsymbol{\delta}_{ei})^{\mathrm{T}}(\Delta\boldsymbol{p}_i + \boldsymbol{\delta}_{ei}) - \Delta l^2 \tag{5-74}$$

方程(5-71)的系数可以由第 i 次迭代的计算结果求得,从方程(5-71)求得 $\delta\lambda_i$ 后,代入式(5-66)、式(5-61)和式(5-60)即可求得第 $i+1$ 次迭代的试探解,这便是间接算法的基本思想。

对上述算法必须就以下两个问题加以说明:首先,从方程(5-71)可求得两个根,代入式(5-60)可求出两个 $\Delta\boldsymbol{p}_{i+1}$,文献[9]建议将这两个 $\Delta\boldsymbol{p}_{i+1}$ 分别与 $\Delta\boldsymbol{p}_i$ 相乘($\Delta\boldsymbol{p}_{i+1}^{\mathrm{T}}\Delta\boldsymbol{p}_i$),取乘积较大者(即与 $\Delta\boldsymbol{p}_i$ 夹角较小者)作为第 $i+1$ 次迭代的试探解;其次,方程(5-71)可能出现解为虚根的情况,当这种情况出现时,必须采取相应的措施[9, 10]。

文献[10]对上述算法作了适当的改进,使其更适用于钢筋混凝土结构的非线性有限元分析,下面就对文献[10]的工作作详细介绍。

对式(5-64)的非平衡力作如下形式的分解

$$g_i = \frac{\boldsymbol{e}_i^{\mathrm{T}}\boldsymbol{q}}{\boldsymbol{q}^{\mathrm{T}}\boldsymbol{q}} \tag{5-75}$$

$$\boldsymbol{h}_i = \boldsymbol{e}_i - g_i\boldsymbol{q} \tag{5-76}$$

显然,$g_i\boldsymbol{q}$ 为 $\boldsymbol{e}_i$ 平行于荷载矢量 $\boldsymbol{q}$ 的分量,$\boldsymbol{h}_i$ 为垂直于 $\boldsymbol{q}$ 的分量。由式(5-69)可知,第 $i+1$ 次迭代的位移增量可写为

$$\Delta \boldsymbol{p}_{i+1} = \Delta \boldsymbol{p}_i + \boldsymbol{K}^{-1}(\boldsymbol{e}_i + \tilde{x}_i \boldsymbol{q}) \tag{5-77}$$

考虑式(5-75)和式(5-76),得

$$\begin{aligned} \Delta \boldsymbol{p}_{i+1} &= \Delta \boldsymbol{p}_i + \boldsymbol{K}^{-1}(g_i \boldsymbol{q} + \eta_i \boldsymbol{h}_i + \tilde{x}_i \boldsymbol{q}) \\ &= \Delta \boldsymbol{p}_i + \boldsymbol{K}^{-1}(x_i \boldsymbol{q} + \eta_i \boldsymbol{h}_i) = \Delta \boldsymbol{p}_i + x_i \boldsymbol{\delta}_{\mathrm{q}} + \eta_i \boldsymbol{\delta}_{\mathrm{h}i} \end{aligned} \tag{5-78}$$

其中

$$\begin{aligned} x_i &= g_i + \tilde{x}_i \\ \boldsymbol{\delta}_{\mathrm{h}i} &= \boldsymbol{K}^{-1} \boldsymbol{h}_i \end{aligned} \tag{5-79}$$

式中:η_i——标量因子,一般情况下取值为 1.0。

第 $i+1$ 次迭代时的外加荷载矢量可写为

$$\boldsymbol{E}_{i+1} = \boldsymbol{F}_i + x_i \boldsymbol{q} + \boldsymbol{h}_i = \boldsymbol{E}_i - g_i \boldsymbol{q} + x_i \boldsymbol{q} \tag{5-80}$$

由式(5-80)得出

$$\Delta \lambda_{i+1} = \Delta \lambda_i - g_i + x_i \tag{5-81}$$

将式(5-59)的迭代控制条件修正为

$$\Delta \boldsymbol{p}_i^{\mathrm{T}} \Delta \boldsymbol{p}_i + A_0 \Delta \lambda_i^2 = \Delta \boldsymbol{p}_{i+1}^{\mathrm{T}} \Delta \boldsymbol{p}_{i+1} + A_0 \Delta \lambda_{i+1}^2 = \Delta l^2 \tag{5-82}$$

将式(5-78)和式(5-81)代入式(5-82)得

$$(\Delta \boldsymbol{p}_i + x_i \boldsymbol{\delta}_{\mathrm{q}} + \eta_i \boldsymbol{\delta}_{\mathrm{h}i})^{\mathrm{T}} (\Delta \boldsymbol{p}_i + x_i \boldsymbol{\delta}_q + \eta_i \boldsymbol{\delta}_{\mathrm{h}i}) + A_0 (\Delta \lambda_i - g_i + x_i)^2 = \Delta l^2 \tag{5-83}$$

整理上式得

$$a x_i^2 + 2 b x_i + c = 0 \tag{5-84}$$

其中

$$a = A_0 + \boldsymbol{\delta}_q^{\mathrm{T}} \boldsymbol{\delta}_q \tag{5-85}$$

$$b = A_0(\Delta \lambda_i - g_i) + \boldsymbol{\delta}_{\mathrm{q}}^{\mathrm{T}} (\Delta \boldsymbol{p}_i + \eta_i \boldsymbol{\delta}_{\mathrm{h}i}) \tag{5-86}$$

$$c = A_0 (\Delta \lambda_i - g_i)^2 - \Delta l^2 + (\Delta \boldsymbol{p}_i + \eta_i \boldsymbol{\delta}_{\mathrm{h}i})^{\mathrm{T}} (\Delta \boldsymbol{p}_i + \eta_i \boldsymbol{\delta}_{\mathrm{h}i}) \tag{5-87}$$

方程(5-84)的系数可以由第 i 次迭代的计算结果求得,由方程(5-84)求得 x_i 后,代入式(5-78)和式(5-81)即可求得第 $i+1$ 次迭代的试探解。一般来说,从方程(5-84)的两个根可求出两个 $\Delta \boldsymbol{p}_{i+1}$,文献[10]建议将这两个 $\Delta \boldsymbol{p}_{i+1}$ 分别与 $\Delta \boldsymbol{p}^{\mathrm{pr}}$ 相乘($\Delta \boldsymbol{p}_{i+1}^{\mathrm{T}} \Delta \boldsymbol{p}^{\mathrm{pr}}$),取乘积较大者(即与 $\Delta \boldsymbol{p}^{\mathrm{pr}}$ 夹角较小者)作为第 $i+1$ 次迭代的试探解。其中,$\Delta \boldsymbol{p}^{\mathrm{pr}}$ 为前一增量步收敛时的位移增量。

同样,方程(5-84)也可能出现根为虚根的情况,文献[9]根据能量最小化原理,提出了线性搜索算法,文献[10]在此基础上,提出了虚拟线性搜索算法,其基本思想是通过改变 η_i 的值,使得方程(5-84)有实根。

方程(5-84)有实根解的条件是

$$b^2 - ac \geqslant 0 \tag{5-88}$$

将式(5-85)、式(5-86)和式(5-87)代入式(5-88)得

$$\begin{aligned}&[A_0(\Delta\boldsymbol{\lambda}_i - g_i) + \boldsymbol{\delta}_{\mathrm{q}}^{\mathrm{T}}(\Delta\boldsymbol{p}_i + \eta_i\boldsymbol{\delta}_{\mathrm{h}i})]^2 - \\ &(A_0 + \boldsymbol{\delta}_{\mathrm{q}}^{\mathrm{T}}\boldsymbol{\delta}_{\mathrm{q}}) \cdot [A_0(\Delta\boldsymbol{\lambda}_i - g_i)^2 - \Delta l^2 + (\Delta\boldsymbol{p}_i + \eta_i\boldsymbol{\delta}_{\mathrm{h}i})^{\mathrm{T}}(\Delta\boldsymbol{p}_i + \eta_i\boldsymbol{\delta}_{\mathrm{h}i})] \geqslant 0\end{aligned} \tag{5-89}$$

整理上式得

$$V = a'\eta_i^2 + 2b'\eta_i + c' \leqslant 0 \tag{5-90}$$

其中

$$a' = (A_0 + \boldsymbol{\delta}_q^{\mathrm{T}}\boldsymbol{\delta}_q)(\boldsymbol{\delta}_{\mathrm{h}i}^{\mathrm{T}}\boldsymbol{\delta}_{\mathrm{h}i}) - (\boldsymbol{\delta}_{\mathrm{q}}^{\mathrm{T}}\boldsymbol{\delta}_{\mathrm{h}i})^2 \tag{5-91}$$

$$b' = (A_0 + \boldsymbol{\delta}_{\mathrm{q}}^{\mathrm{T}}\boldsymbol{\delta}_{\mathrm{q}})(\Delta\boldsymbol{p}_i^{\mathrm{T}}\boldsymbol{\delta}_{\mathrm{h}i}) - [A_0(\Delta\boldsymbol{\lambda}_i - g_i) + \boldsymbol{\delta}_{\mathrm{q}}^{\mathrm{T}}\Delta\boldsymbol{p}_i](\boldsymbol{\delta}_{\mathrm{q}}^{\mathrm{T}}\boldsymbol{\delta}_{\mathrm{h}i}) \tag{5-92}$$

$$\begin{aligned}c' = &(A_0 + \boldsymbol{\delta}_{\mathrm{q}}^{\mathrm{T}}\boldsymbol{\delta}_{\mathrm{q}})(\Delta\boldsymbol{p}_i^{\mathrm{T}}\Delta\boldsymbol{p}_i - \Delta l^2) - [2A_0(\Delta\boldsymbol{\lambda}_i - g_i) + (\boldsymbol{\delta}_{\mathrm{q}}^{\mathrm{T}}\Delta\boldsymbol{p}_i)](\boldsymbol{\delta}_{\mathrm{q}}^{\mathrm{T}}\Delta\boldsymbol{p}_i) + \\ &A_0(\Delta\boldsymbol{\lambda}_i - g_i)^2(\boldsymbol{\delta}_{\mathrm{q}}^{\mathrm{T}}\boldsymbol{\delta}_{\mathrm{q}})\end{aligned} \tag{5-93}$$

将不等式(5-90)取等号,可求得两个根 η_1 和 $\eta_2(\eta_2 \geqslant \eta_1)$。为了简单方便起见,$\eta_i$ 的取值应尽量接近 1.0。考虑到 $\eta_i = 1.0$ 时,若方程(5-84)无实根,才需进行上述处理,所以这种情况下 $V > 0$,如图 5-2 所示,则 η_i 的取值有以下几种可能

$$\eta_i = \begin{cases}\eta_2 - 0.05|\eta_2 - \eta_1|, \eta_2 < 1.0 \\ \eta_2 + 0.05|\eta_2 - \eta_1|, -b'/a' < 1.0 < \eta_2 \\ \eta_1 - 0.05|\eta_2 - \eta_1|, \eta_1 < 1.0 < -b'/a' \\ \eta_1 + 0.05|\eta_2 - \eta_1|, 1.0 < \eta_1\end{cases} \tag{5-94}$$

在实际编程计算中,一般取 $\eta_i = 1.0$,由式(5-84)的正常程序处理,若出现虚根,则跳转至式(5-90)处理。在极少数情况下,式(5-90)可能仍无实根解,这时需退回上一收敛点,减小步长,重新计算。

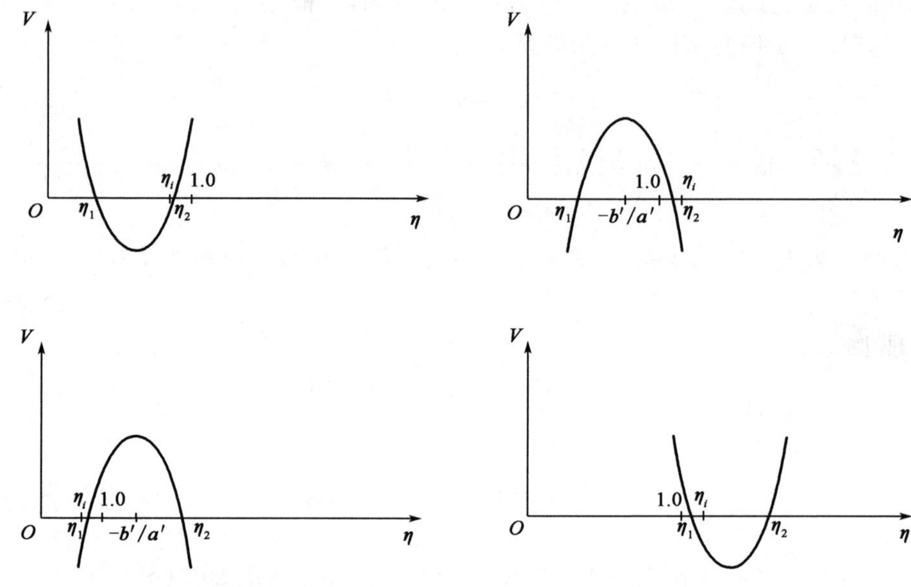

图 5-2　η_i 取值

根据作者的研究经验,需对以下几个问题进行进一步的说明[11, 12]:

首先是极值点附近切线刚度矩阵的处理,为了确保在每一增量段内的迭代均能收敛,需在每一增量段迭代的开始,重新形成切线刚度矩阵(修正的牛顿—拉斐逊法),但在极值点附近将出现切线刚度矩阵病态的情况。当出现这种情况时,作者建议,对于几何非线性问题,不计几何刚度矩阵$\boldsymbol{K}_\sigma$ 的影响,令$\boldsymbol{K}_\mathrm{T}=\boldsymbol{K}_0$,其中$\boldsymbol{K}_0$ 是切线刚度矩阵的线性部分;对于物理非线性问题,建议可以在分析全过程时采用等效刚度矩阵 $\boldsymbol{D}$ 代替切线刚度矩阵$\boldsymbol{D}_\mathrm{t}$。

$$\boldsymbol{D} = \beta \boldsymbol{D}_\mathrm{t} + (1-\beta)\boldsymbol{D}_0 \tag{5-95}$$

式中:$\boldsymbol{D}_0$——弹性刚度矩阵;

β——经验系数,建议取 $\beta=0.8$[11]。

经上述处理后,计算可顺利通过极值点。

其次是 $\Delta\lambda_1$ 的取值,在每一增量段的第一步迭代,需计算 $\Delta\lambda_1$ 和 $\Delta\boldsymbol{p}_1$,由线性近似化,取 $\Delta\boldsymbol{p}_1=\Delta\lambda_1\boldsymbol{\delta}_q$,代入式(5-59)得

$$\Delta\lambda_1 = \pm\sqrt{\frac{\Delta l^2}{\boldsymbol{\delta}_\mathrm{q}^\mathrm{T}\boldsymbol{\delta}_\mathrm{q}+A_0}} \tag{5-96}$$

当切线刚度矩阵正定时(对应图 5-1 的 OA 段),上式应取正号;反之,当切线刚度矩阵负定时(对应图 5-1 的 AB 段),上式应取负号。所以在每一增量段迭代的开始,应进行切线刚度矩阵正、负定的判断。若一律将上式取为正号,则在 AB 段将出现计算结果振荡的情况。

最后是 A_0 的取值,根据 Crisfield 的建议[9],取 $A_0 = 0.0$。而 W. F. Lam 与 C. T. Morley 建议[10],取 $A_0 = \boldsymbol{p}_0^{\mathrm{T}}\boldsymbol{p}_0/\lambda_0^2$。经作者计算发现,一般情况下,采用 Crisfield 的建议,取 $A_0 = 0.0$,能得到满意的结果。

5.5 算例分析

5.5.1 悬臂梁[13]

本算例主要考察等截面悬臂梁的大变形问题,采用退化梁单元进行几何非线性分析,一共划分为 10 个退化梁单元,在其自由端作用一弯矩。定义参数 $K = \dfrac{ML}{2\pi EI}$,K 从 0.2 变化至 1.0。表 5-1 给出了不同 K 值情况下,退化梁单元横向位移与竖向位移数值解与理论解结果的比较,可以看出二者结果吻合良好。梁的变形图如图 5-3 所示。

5.5.2 Williams 双梁框架[13]

Williams 双梁框架如图 5-4 所示,结构两端固结,顶部受一荷载 P,杆件面积为 1.181cm^2,抗弯惯性矩为 0.0375cm^4,材料弹性模量为 71 041MPa。Williams 于 1964 年给出了这个问题的解析解[15],Wood 和 Zienkiewi 等人于 1977 年采用非线性有限元法对这一问题进行了求解[16]。本书采用退化梁单元分析了这一结构,为了得到结构屈曲前后的全过程解答,采用弧长法进行有限元求解。加载点竖向位移全过程曲线的计算结果与 Wood 等人[16]的计算结果对比如图 5-5 所示。

悬臂梁自由端位移 表 5-1

K	u/L(纵向位移)		v/L(竖向位移)	
	数值解	理论解[14]	数值解	理论解[14]
0.2	-0.25	-0.24	0.56	0.55
0.4	-0.78	-0.77	0.72	0.72

续上表

K	u/L(纵向位移)		v/L(竖向位移)	
	数值解	理论解[14]	数值解	理论解[14]
0.6	-1.17	-1.16	0.46	0.48
0.8	-1.19	-1.19	0.13	0.14
1	-1.00	-1.00	0.00	0.00

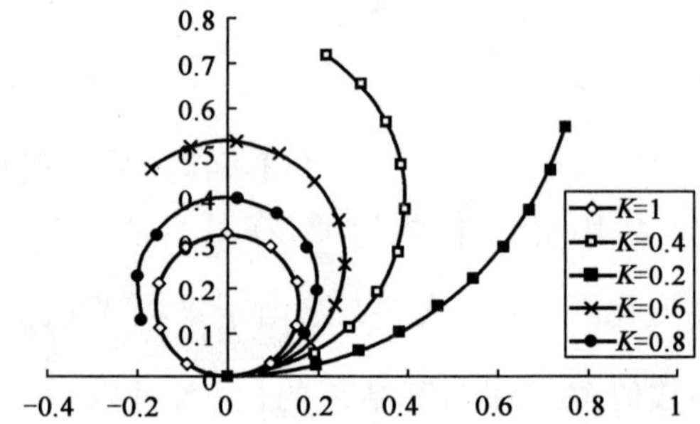

图 5-3 悬臂梁结构变形情况

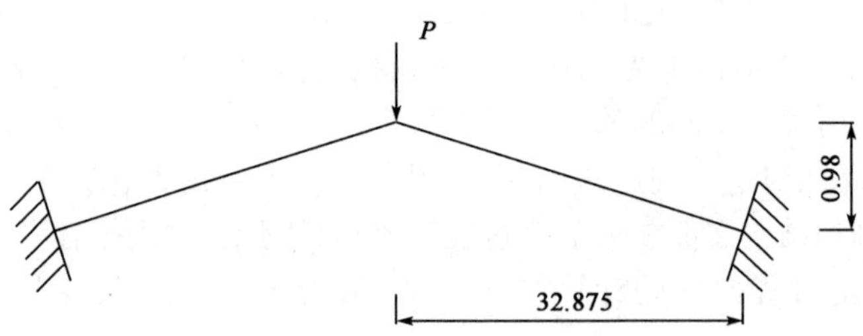

图 5-4 Williams 双梁框架(尺寸单位:cm)

5.5.3 钢管高强混凝土长柱的压溃失稳[13]

在进行长柱的稳定承载能力分析时,需考虑由几何非线性引起的大变形效应与材料非线性效应的共同作用。

Zeghiche 等人完成了 4 根不同偏心距作用下,两端简支的钢管高强混凝土

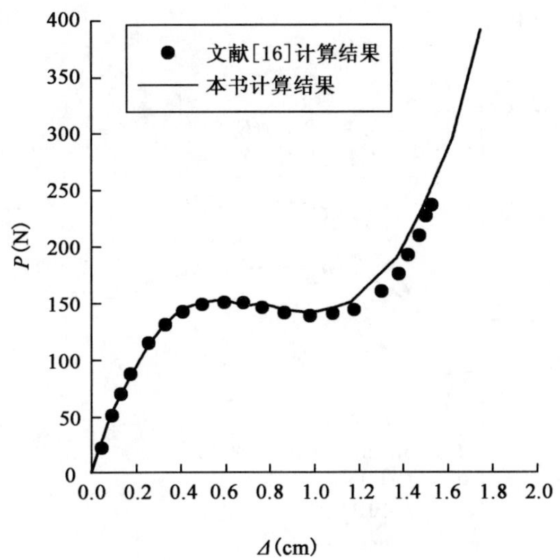

图 5-5 加载点竖向位移全过程曲线

偏压长柱(偏心距 e 分别为 8mm、16mm、24mm、32mm,四根长柱依次编号为 C16 ~ C19)的压溃试验[17]。在这 4 根试验长柱中,采用了高强混凝土,混凝土的圆柱体抗压强度达到了 100MPa 量级。图 5-6 给出了轴向偏心荷载与 1/2 柱高位置的横向位移曲线。为了反映压溃过程,计算时考虑了材料非线性与几何非线性共同作用。作为对比,也给出了只考虑材料非线性,而未考虑几何非线性的结果。

从图 5-6 中的各曲线可以看出:考虑几何非线性与材料非线性共同作用的计算结果与试验结果吻合较好。在达到承载能力峰值点前,荷载位移曲线比较吻合,达到峰值点后,试验结果显示结构承载能力迅速降低,这有可能是因为达到承载能力极限后加载控制困难引起的。同时,还可以看出不考虑几何非线性的影响,将会大大高估偏心受压长柱的稳定承载能力。

5.5.4 钢管混凝土长柱的 *N-M* 破坏包络曲线[13]

Matsui 等人进行了一组钢管混凝土长柱轴压与偏压试验(长细比为 32 ~ 96)[18]。图 5-7 给出了 *N-M* 破坏包络曲线试验结果与计算结果的对比。从图中可以看出,试验结果与计算结果吻合良好。同时,还可以发现,当长细比较大时,如 $\lambda = 96$ 时,*N-M* 破坏包络曲线与短柱的破坏包络曲线发生了很大的变化。这是由于随着长细比的增大，跨中的附加偏心距逐步增大，几何非线性的影响将大大加速长柱的压溃过程。

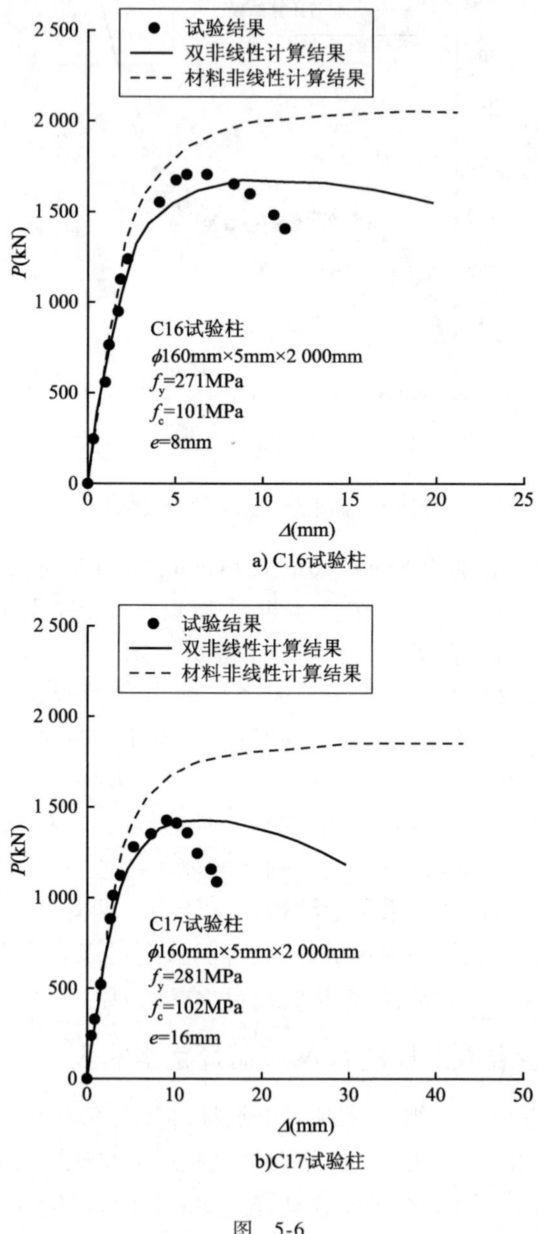

a) C16试验柱

b)C17试验柱

图 5-6

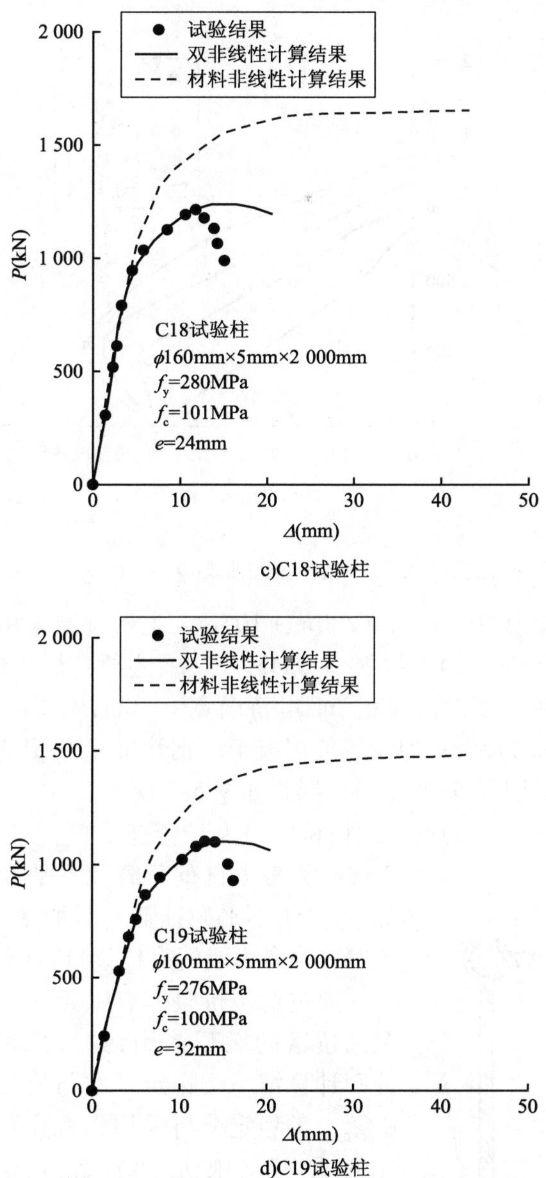

c)C18试验柱

d)C19试验柱

图5-6 偏心受压钢管混凝土长柱的柱中横向位移与荷载曲线

5.5.5 超高钢管混凝土叠合墩的非线性稳定承载能力分析[13]

腊八斤特大桥为四川省雅泸高速公路上的一座预应力混凝土连续刚构

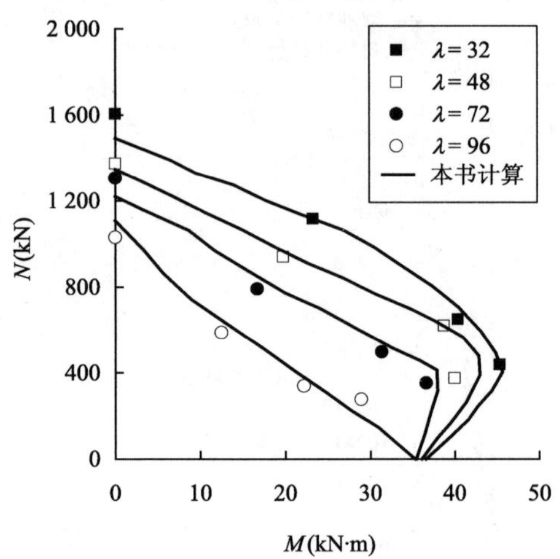

图 5-7 钢管混凝土长柱 N-M 破坏包络曲线($D \times t = 165.2\text{mm} \times 4.08\text{mm}$)

桥,主桥跨径布置为 105m + 2 × 200m + 105m。主桥桥墩采用钢管混凝土叠合柱,核心混凝土为 C80,钢管材料为 Q345。其中,主桥桥墩中的 10 号墩墩高达到 182.78m。墩顶截面横桥向宽 7m,顺桥向宽 10.0m,顺桥向宽度按 70∶1的比例向下变宽。腹板为50cm 厚的钢筋混凝土。钢管尺寸为 ϕ1 320mm × 18mm,钢管内灌注 C80 混凝土。其典型断面形式如图 5-8 所示。

稳定分析工况选择为连续刚构桥的最大悬臂施工阶段与成桥后两个工况。工况一为考虑自重荷载及不平衡挂篮荷载的组合效应,其中不平衡挂篮荷载取单边悬臂挂篮加载;工况二为考虑成桥后桥梁自重(包括二期恒载)。

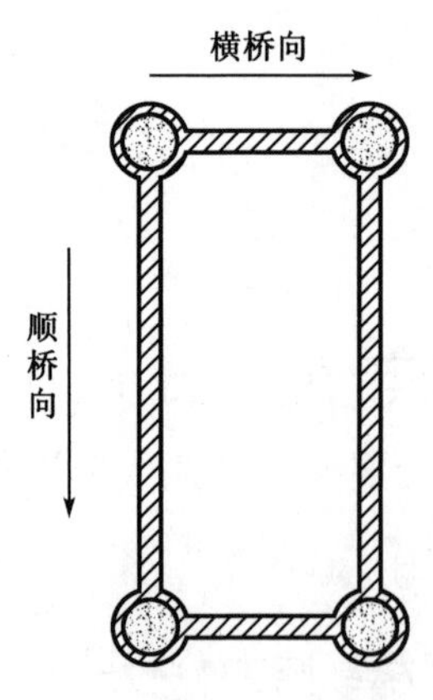

图 5-8 钢管混凝土叠合桥墩典型断面

通过对全桥整体有限元计算可以得到两个工况的桥墩的墩顶内力,并代入稳定分析模型中,分别计算第一类稳定系数与第二类稳定系数。其中第二类稳定分析采用作者开发的基于退化梁单元的大型有限元分析程序 CSBNLA(Concrete Structure Bi-NonLinear Analysis)进行,计算结果如表 5-2 所示。计算结果表明考虑了材料非线性与几何非线性后的第二类稳定系数远远低于第一类稳定系数。

稳 定 分 析 结 果　　表5-2

工　况	轴力（kN）	面内弯矩（kN·m）	面外弯矩（kN·m）	第一类稳定系数	第二类稳定系数	失稳形式
工况一	-102 270	98 679	47 102	5.454	2.664	横桥向失稳
工况二	-115 470	11 962	49 112	11.065	3.886	横桥向失稳

图5-9与图5-10给出了按照工况一与工况二的荷载偏心距进行加载，直至破坏时的荷载位移曲线。由图中可以看出，由于此桥墩高度较高，具有明显的柔性，几何非线性效应明显。考虑几何非线性后，压溃稳定承载能力计算结果较只考虑材料非线性的计算有所降低。

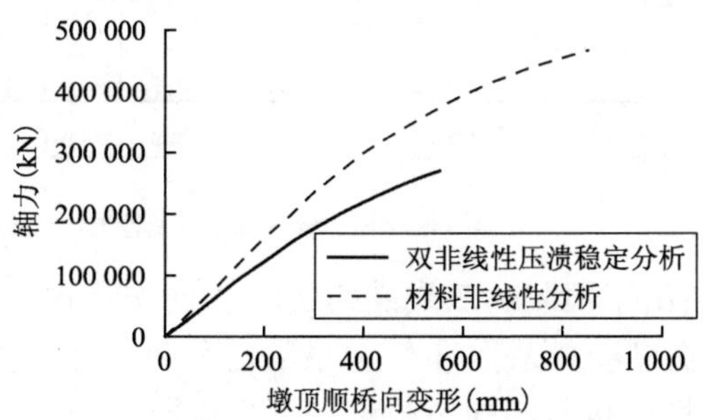

图5-9　工况一墩顶荷载位移曲线

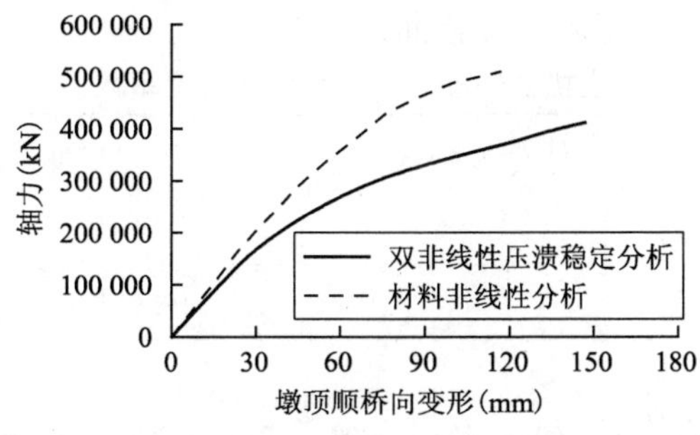

图5-10　工况二墩顶荷载位移曲线

5.5.6　高速铁路大跨度钢管混凝土劲性骨架拱桥压溃稳定分析[19]

本节以第3章第3.3.3节的某大跨度高速铁路钢管混凝土劲性骨架拱桥为例，研究大跨度拱桥的压溃稳定问题。

考虑到恒载离散性小，而活载离散性相对较大，本节在计算压溃稳定系数时，保持结构恒载不变，而将列车活载按一定倍数逐级增加，即稳定安全系数可定义为

$$K = \frac{F_{恒} + \lambda_{cr} F_{活}}{F_{恒} + F_{活}} \tag{5-97}$$

式中：λ_{cr}——结构发生极值点失稳时所施加的列车活荷载的倍数。

该特大桥设计运行速度为350km/h，双线 ZK 活载，线间距 5.0m。其中 ZK 活载的列车活载的标准图式按《高速铁路设计规范》(试行)(TB 10621—2009)的规定取用，如图 5-11 所示。

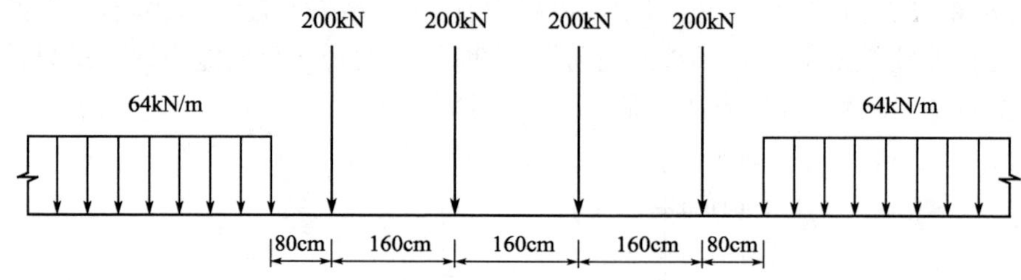

图 5-11　ZK 活载标准图式

在本书中，只给出了恒载和双线满跨活载共同作用这一工况的稳定分析结果。表 5-3 给出了临界活载系数和稳定系数的分析结果。图 5-12 ~ 图 5-15 分别给出了双重非线性分析时不同活载水平下主拱圈相对位移(相对于 1 倍活载作用时的位移)及各材料组分的应力状况。图 5-16 为双重非线性分析时不同活载水平下各控制截面的荷载—位移曲线。

主拱圈的临界活载系数和稳定系数　　表 5-3

分析方法	临界活载系数 λ_{cr}	失稳模态	稳定系数 K
不考虑应力累加的线性屈曲	196	面内反对称	11.2
考虑应力累加的双重非线性	28.1	面内对称	2.4

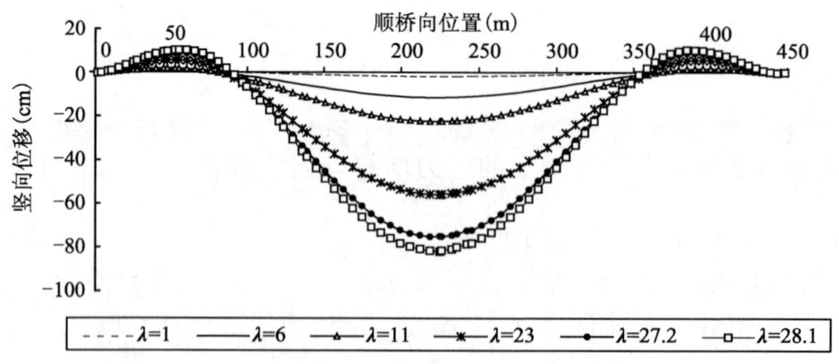

图 5-12　不同活载水平下的主拱圈竖向相对位移

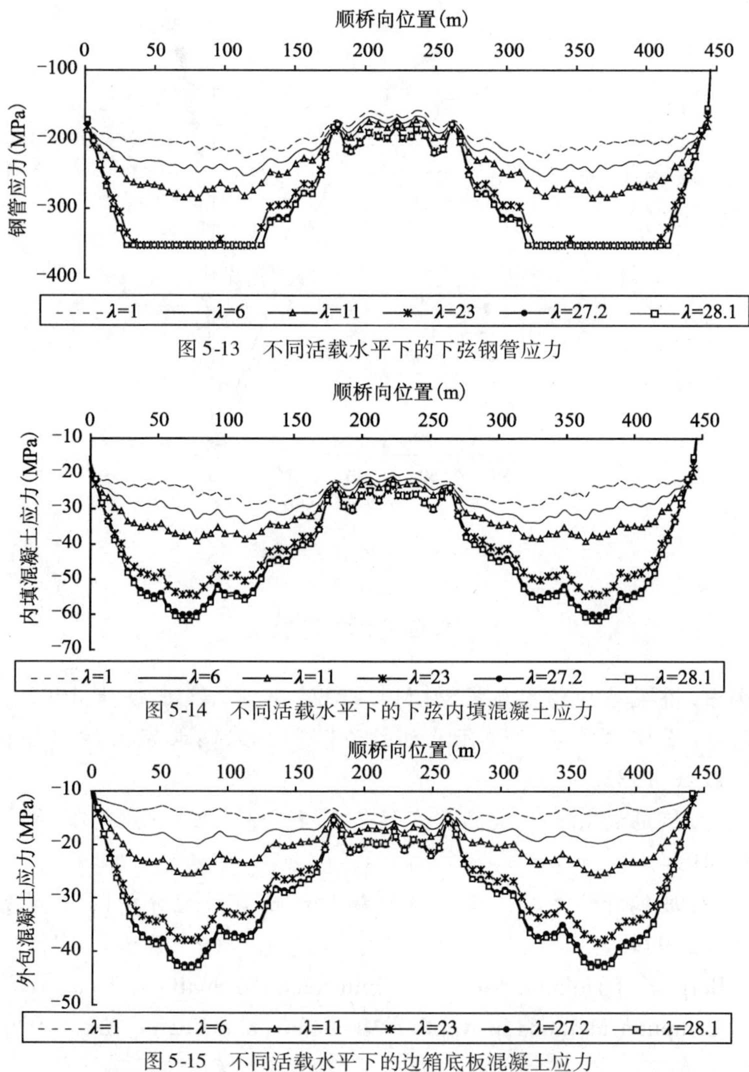

图5-13　不同活载水平下的下弦钢管应力

图5-14　不同活载水平下的下弦内填混凝土应力

图5-15　不同活载水平下的边箱底板混凝土应力

从分析结果可以看出，随着活载的逐级增加，下弦拱肋一直处于受压状态，且钢管的应力增幅远大于混凝土的应力增幅。当活载系数 $\lambda \geqslant 21$ 时，1/8 跨至 1/4 跨范围内下弦钢管已逐渐进入屈服状态($f_y = 353\text{MPa}$)，而此时内填混凝土及外包边箱底板混凝土应力尚未达到峰值应力。同时，由图 5-16 可知此时各控制截面的荷载—位移曲线也表现出较为明显的非线性特性。当活载系数 $\lambda = 28.1$ 时，发生屈服的钢管的范围进一步扩大，内填混凝土及外包混凝土的应力迅速增加，结构竖向位移迅速增大，塑性区域形成，直至全桥形成破坏机构。

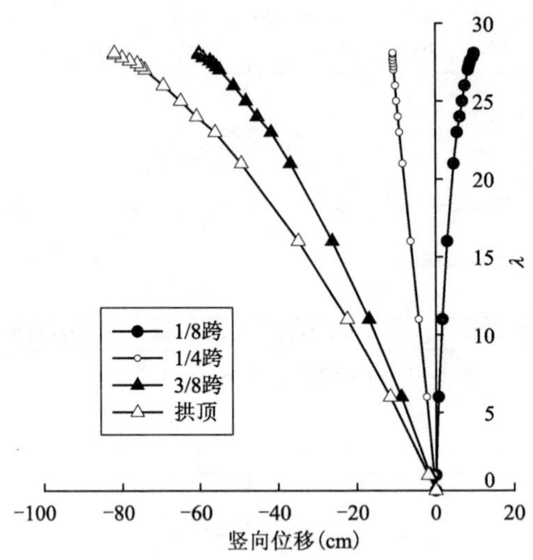

图 5-16　控制截面荷载—位移曲线

本章参考文献

[1] 李国豪. 桥梁结构稳定与振动[M]. 北京:中国铁道出版社,1992.

[2] 殷有泉. 固体力学非线性有限元引论[M]. 北京:北京大学出版社,清华大学出版社,1987.

[3] 江见鲸. 钢筋混凝土结构的非线性有限元分析[M]. 西安:陕西科学技术出版社,1994.

[4] 向天宇. 玻璃纤维混凝土断裂试验和非线性有限元分析[D]. 北京:北方交通大学,1999.

[5] P G Bergan ,I Holand. Nonlinear finite element analysis of concrete structures [J]. Computer Methods in Applied Mechanics and Engineering, 1979,18: 443-467.

[6] J L Batoz ,G Dhatt. Incremental displacement algorithms for nonlinear problems [J]. International Journal for Numerical Methods in Engineering, 1979, 14 (8): 1262-1267.

[7] G A Wempner. Discrete approximations related to nonlinear theories of solids [J]. Int. J. Solids Struct. , 1971, 7 (11): 1581-1599.

[8] E Riks. An incremental approach to the solution of snapping and buckling problem[J]. Int. J. Solids Struct. , 1979,15 (7): 529-551.

[9] M A Crisfield. An arc-length method including line searches and accelerations [J]. International Journal for Numerical Methods in Engineering, 1983, 19: 1269-1289.

[10] W F Lam ,C T Morley. Arc-length method for passing limit points in structural calculation[J]. Journal of Structural Engineering, 1992, 118 (1): 169-185.

[11] 向天宇,赵人达,刘海波. 混凝土结构全过程非线性分析的弧长法研究[J]. 铁道学报,2002,24(3):67-70.

[12] 向天宇. 预应力高强混凝土箱形连续梁结构行为的非线性分析[D]. 成都:西南交通大学,2002.

[13] 徐腾飞. 钢管混凝土非线性稳定承载力与可靠度研究[D]. 成都:西南交通大学,2010.

[14] A E H Love, A Treatise on the Mathematical Theory of Elasticity[M]. fourth ed. New York:Dover,1944.

[15] F W Williams. An approach to the nonlinear behavior of the members of a rigid jointed plane framework with finite deflection[J]. Quart. J. Mech. Appl. Maths, 1964, 17(4):451-469.

[16] R D Wood, O C Zienkiewicz. Geometrically nonlinear finite element analysis of beams, frames, arches and axisymmetric shells[J]. Computers & Structures, 1977, 7(6): 725-735.

[17] J Zeghiche, K Chaoui. An experimental behavior of concrete-filled steel tubular columns[J]. Journal of Constructional Steel Research, 2005, 61(1): 53-66.

[18] C Matsui, K Tsuda, Y Ishibashi. Slender concrete filled steel tubular columns under combined compression and bending[C]. Singapore:Proceedings 4th Pacific Structural Steel Conference,1995,29-36.

[19] 吴小亮. 特大跨度钢管混凝土劲性骨架拱桥非线性行为分析[D]. 成都:西南交通大学,2012.

第6章　收缩徐变效应分析

6.1　前　　言

收缩与徐变是混凝土固有的一种时变物理和力学特性，这一特性会导致混凝土结构变形不断增大以及产生较大的内力重分布，严重时，会危及结构安全。帕劳共和国于1978年修建的科罗·巴岛桥为一跨中带铰的72m+241m+72m三跨预应力混凝土连续刚构桥梁，到1990年，该桥由于混凝土收缩徐变引起中跨跨中下挠达到1.2m，1996年对该桥进行了加固，加固后3个月桥梁垮塌[1]。又如，1963年建成的美国弗吉尼亚州的Randolph Tucker高中体育馆，其屋盖为30.5m×30.5m轻质混凝土双曲抛物面薄壳，1970年屋盖垮塌，事故原因调查结论是“设计对混凝土收缩徐变效应与几何非线性效应的共同作用考虑不足导致结构失稳破坏”[2]。

这些工程事故均表明，在混凝土结构的分析中需要充分重视混凝土收缩徐变效应的影响。本章将详细讨论退化梁单元在混凝土结构收缩与徐变效应分析中的应用。与传统的弹性梁单元不同，由于采用了分块积分技术，退化梁单元可以方便地处理混凝土开裂等非线性因素与收缩徐变效应的耦合作用。

混凝土收缩是指混凝土在空气中结硬时体积随着时间推移而不断减小的过程。混凝土出现收缩的主要机理包括：自收缩、干燥收缩与碳化收缩。所谓自收缩是指在没有水分转移下发生的收缩，其产生的原因是水泥水化物的体积小于参与水化反应的水和水泥的体积。干燥收缩是指当混凝土暴露在大气中，由于混凝土内部吸附水的散失，引起混凝土体积的减小。自收缩的量值要远远小于后期的干燥收缩，因而，在实际工程应用中，自收缩与干燥收缩在计算模型中一起考虑。碳化收缩是由于混凝土的水泥化合物与二氧化碳发生化学反应的结果[3]。

徐变是指混凝土在持续应力作用下，其变形随着时间增长而不断增长的一种现象。徐变产生的根本原因可归结于混凝土的黏性特征。一般而言，徐变可分基本徐变（Basic Creep）和干燥徐变（Drying Creep）。基本徐变是指混凝土与外界无水分交换条件下发生的徐变，一般密闭混凝土中只存在基本徐变。干燥徐变是指混凝土与外界有水分交换时发生的徐变,对于与外界环境直接接触的混凝土,徐变中既有基本徐变又有干燥徐变。已有研究文献表明,当混凝土的压应力小于50%的极限抗压强度时,徐变为线性徐变。反之,当压应力高于50%的极限抗压强度时,将产生非线性徐变。对于实际工程结构,在正常使用情况下,都满足压应力小于50%极限抗压强度的条件。也就是说,在绝大部分工程应用中,只需考虑线性徐变。对于线性徐变,由应力引起的应变(包括瞬时弹性应变和徐变应变)可以写为

$$\varepsilon(t,\tau) = \sigma \cdot J(t,\tau) \tag{6-1}$$

式中:τ、t——分别代表了加载龄期和计算龄期;

$J(t,\tau)$——徐变度(Compliance Function),其物理意义为在τ时刻施加单位应力在t时刻产生的应变,定义如下

$$J(t,\tau) = \frac{1}{E_c(\tau)} + \frac{1}{E_c}\varphi(t,\tau) \tag{6-2}$$

$E_c(\tau)$——加载龄期时混凝土的弹性模量;

E_c——28d时混凝土弹性模量;

$\varphi(t,\tau)$——徐变系数。

与其他黏性材料,比如橡胶相比,混凝土的徐变有其独特的特点。对于橡胶这一类材料,其徐变系数方程只与时间间隔$t-\tau$有关,而混凝土的徐变系数的描述依赖于两个变量,即τ与$t-\tau$,这一特点是由于混凝土的老化(Aging)引起的。混凝土老化过程的研究,对于更清楚地认识混凝土的徐变行为有着重要的意义[4]。

6.2 混凝土收缩徐变模型

目前,被工程界和学术界普遍接受的混凝土收缩徐变模型主要包括:欧洲混凝土协会(CEB)建议的CEB78模型和CEB90模型,美国混凝土协会(ACI)建议的ACI209模型,美国西北大学Bazant教授提出并被国际材料与结构试验室联合会(RELIM)采用的B3模型以及Garder与Lockman提出的GL2000模型等。

6.2.1 CEB78模型

CEB78模型是欧洲混凝土协会1978版规范采用的收缩徐变计算模型。中国的《公路钢筋混凝土及预应力混凝土桥涵设计规范》(JTJ 023—1985)[5](已作

废)和现行《铁路桥涵钢筋混凝土和预应力混凝土结构设计规范》(TB 10002.3—2005)[6]均采用了 CEB78 模型。

CEB78 模型将徐变分为可恢复徐变和不可恢复徐变,它们分别对应滞后弹性变形和塑性流动变形,并将不可恢复部分的徐变又分成加载时的初始徐变和滞后徐变。其表达式如下

$$\varphi(t,\tau) = \beta_a(\tau) + 0.40\beta_d(t-\tau) + \varphi_f[\beta_f(t) - \beta_f(\tau)] \tag{6-3}$$

式中第一项为加载初期不可恢复徐变,可表示如下

$$\beta_a(\tau) = 0.8\left[1 - \frac{R(\tau)}{R(\infty)}\right] \tag{6-4}$$

式中:$\frac{R(\tau)}{R(\infty)}$——混凝土龄期为 τ 时的强度和最终强度之比。

式(6-3)中的第二项 $\beta_d(t-\tau)$ 为随时间增长的滞后弹性应变,一般通过查表求得。式(6-3)中的第三项中,φ_f 为流塑系数,其定义为

$$\varphi_f = \varphi_{f1} \cdot \varphi_{f2} \tag{6-5}$$

式中:φ_{f1}——依环境而定的系数,取值如表 6-1 所示;

φ_{f2}——依理论厚度 h(单位为 mm)而定的系数,理论厚度 h 定义如下;

$$h = \lambda \frac{2A_h}{u} \tag{6-6}$$

λ——依环境而定的参数,取值如表 6-1 所示;

A_h——构件混凝土横截面积;

u——构件与大气接触周长。

式(6-3)中的第三项中 $\beta_f(t)$ 为随混凝土龄期而增长的滞后塑性应变,与理论厚度 h 有关。

φ_{f1} 和 λ 取值 表 6-1

环境条件	相对湿度(%)	φ_{f1}	λ
水中	—	0.8	30
很潮湿	90	1.0	5
野外一般	70	2.0	1.5
很干燥	40	3.0	1

CEB78 模型中徐变系数计算的各个系数是以曲线或者表格方式给出的,对于有限元分析非常不方便。为了方便有限元计算分析,肖汝城[7]、向天宇与童育强[8]分别给出了 $\beta_a(\tau)$、$\beta_d(t-\tau)$、φ_{f2} 和 $\beta_f(t)$ 的拟合公式。

1)$\beta_a(\tau)$拟合公式

肖汝城公式：

$$\beta_a(\tau) = 0.8[1 - (\sqrt{7.4967^2 - (\lg\tau - 3.6817)^2} - 6.4756)] \tag{6-7}$$

向天宇—童育强公式：

$$\beta_a(\tau) = \begin{cases} 0.8\left[1 - \dfrac{0.28259}{5 \cdot \lg\tau}\right] & \tau < 5 \\ 0.8[1 - 1.6667 \cdot e^{-1.204 \cdot \lg\tau}] & \tau \geqslant 5 \end{cases} \tag{6-8}$$

2)$\beta_d(t-\tau)$的拟合公式

肖汝城公式：

$$\beta_d(t-\tau) = 0.27 + 0.43[1 - e^{-0.0036 \cdot (t-\tau)}] + 0.3[1 - e^{-0.046 \cdot (t-\tau)}] \tag{6-9}$$

向天宇—童育强公式：

$$\beta_d(t-\tau) = 0.28 + \frac{t-\tau}{80 + 1.39(t-\tau)} \tag{6-10}$$

3)φ_{f2}的拟合公式

肖汝城公式：

$$\varphi_{f2} = 1 + \frac{260}{260 + h} \tag{6-11}$$

向天宇—童育强公式：

$$\varphi_{f2} = 1.5519 - 0.2123\ln\frac{h}{200} \tag{6-12}$$

4)$\beta_f(t)$的拟合公式

肖汝城公式：

$$\beta_f(t) = 0.11 + C \cdot [1 - e^{-q_3(t-3)}] + D \cdot [1 - e^{-q_4(t-3)}] \tag{6-13}$$

其中，C、D、q_3 和 q_4 的取值如表 6-2 所示。

公式(6-13)系数取值　　表 6-2

h (mm)	C	D	q_3	q_4
50	0.50	0.39	0.033	0.001 5
100	0.39	0.42	0.033 5	0.001 3
200	0.41	0.48	0.034	0.001 1
400	0.35	0.54	0.035	0.000 85
800	0.29	0.60	0.038	0.000 65
1 600	0.20	0.69	0.05	0.000 53

向天宇—童育强公式:

$$\beta_{\mathrm{f}}(t)=a\cdot t^{2}+b\cdot t+c \tag{6-14}$$

其中

$$a=-2.83\times10^{-8}\cdot h^{2}+0.0001\cdot h-0.0453 \tag{6-15}$$

$$b=10^{-7}\cdot h^{2}-0.0004h+0.4233 \tag{6-16}$$

$$c=7\times10^{-8}\cdot h^{2}-0.0001h+0.0404 \tag{6-17}$$

CEB78 模型定义收缩发展方程如下

$$\varepsilon_{\mathrm{cs}}(t,t_{\mathrm{s}})=\varepsilon_{\mathrm{cs0}}[\beta_{\mathrm{sh}}(t)-\beta_{\mathrm{sh}}(t_{\mathrm{s}})] \tag{6-18}$$

式中:$\varepsilon_{\mathrm{cs0}}$——收缩终极值;

$$\varepsilon_{\mathrm{cs0}}=\varepsilon_{\mathrm{sh1}}\cdot\varepsilon_{\mathrm{sh2}} \tag{6-19}$$

$\varepsilon_{\mathrm{sh1}}$——与环境湿度有关,取值如表 6-3 所示;

$\varepsilon_{\mathrm{sh2}}$——与构件理论厚度 h 相关,根据图 6-1 取值。

$\varepsilon_{\mathrm{sh1}}$ 取 值 表 6-3

环 境 条 件	相 对 湿 度(%)	$\varepsilon_{\mathrm{sh1}}$(με)
水中	—	+100
很 潮 湿	90	-130
野外一般	70	-320
很 干 燥	40	-520

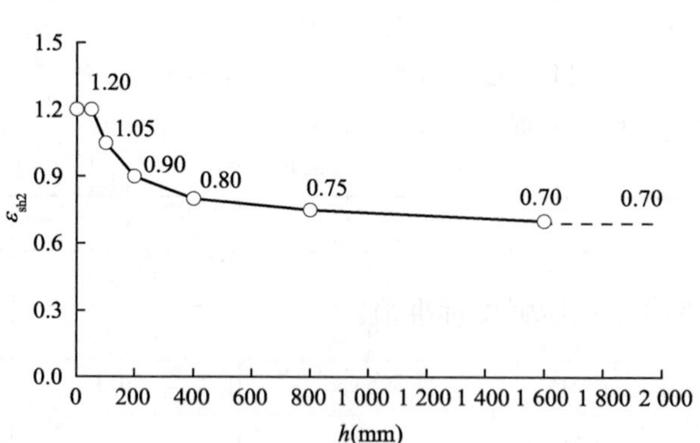

图 6-1 $\varepsilon_{\mathrm{sh2}}$ 取值

式(6-18)中,收缩发展函数 $\beta_{\mathrm{sh}}(t)$ 通过查图 6-2 取值。

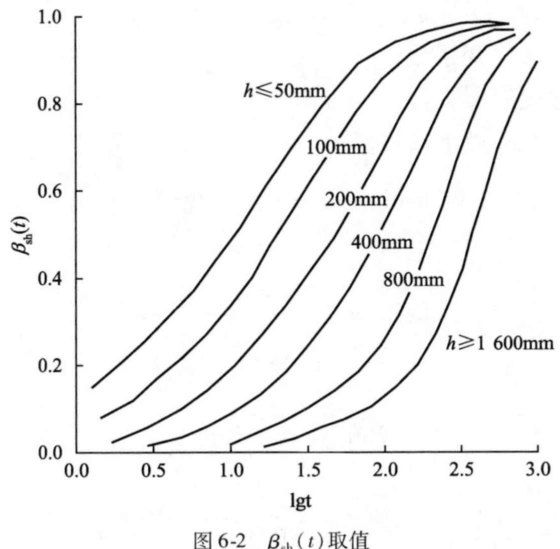

图 6-2 $\beta_{sh}(t)$取值

6.2.2 CEB90 模型

欧洲混凝土协会在 1990 年版的混凝土结构设计规范中采用了 CEB90 模型[9]。与之前的 CEB78 模型相比,CEB90 模型采用乘积形式描述混凝土收缩徐变规律。中国现行的《公路钢筋混凝土及预应力混凝土桥涵设计规范》(JTG D62—2004)[10]关于收缩徐变计算也采用了 CEB90 模型[10]。该模型定义由应力引起的长期应变如式(6-1)和式(6-2)所示。对于式(6-2)涉及的不同龄期下混凝土弹性模量发展方程,CEB90 模型定义如下

$$E_c(\tau) = E_c\sqrt{\exp\left[s\left(1 - \sqrt{\frac{28}{\tau}}\right)\right]} \tag{6-20}$$

式中:E_c——混凝土在龄期为 28d 时的弹性模量(MPa),按照下式计算;

$$E_c = 2.15 \times 10^4 \left(\frac{f_{ck} + 8}{10}\right)^{\frac{1}{3}} \tag{6-21}$$

f_{ck}——混凝土抗压强度标准值。

在式(6-20)中,s 为与水泥品种相关的常数。对于快干高强水泥、快干普通水泥和慢干水泥,s 分别取 0.20、0.25 和 0.30。需要注意的是,《公路钢筋混凝土及预应力混凝土桥涵设计规范》(JTG D62—2004)未对徐变计算是否需要考虑混凝土弹性模量的发展问题做出明确说明。

徐变系数 $\varphi(t,\tau)$的计算表达式如下

$$\varphi(t,\tau) = \varphi_0 \cdot \beta_c(t-\tau) \tag{6-22}$$

式中：φ_0——名义徐变系数；

$\beta_c(t-\tau)$——徐变发展方程。

名义徐变系数 φ_0 由下式计算

$$\varphi_0 = \varphi_{RH}\beta(f_{cm})\beta(\tau) \tag{6-23}$$

其中

$$\varphi_{RH} = 1 + \frac{1-H}{0.46\left(\frac{h}{100}\right)^{\frac{1}{3}}} \tag{6-24}$$

$$\beta(f_{cm}) = \frac{5.3}{\sqrt{0.1f_{cm}}} \tag{6-25}$$

$$\beta(\tau) = \frac{1}{0.1+\tau^{0.2}} \tag{6-26}$$

式中：H——环境湿度（用小数表示）；

h——截面等效高度（mm）；

$$h = 2\frac{A_c}{u} \tag{6-27}$$

A_c——构件混凝土横截面积；

u——构件与大气接触周长；

f_{cm}——混凝土28d抗压强度平均值（MPa），CEB90模型中定义该值为

$$f_{cm} = f_{ck} + 8 \tag{6-28}$$

在《公路钢筋混凝土及预应力混凝土桥涵设计规范》（JTG D62—2004）中，定义28d抗压强度平均值为

$$f_{cm} = 0.8f_{cu,k} + 8 \tag{6-29}$$

式中：$f_{cu,k}$——混凝土立方体抗压强度标准值（MPa）。

导致式（6-28）和式（6-29）相差一个0.8的系数的原因是两个规范对混凝土强度定义的差异。在CEB规范中，混凝土强度由150mm×300mm的圆柱体试件强度定义，而中国习惯于用150mm×150mm×150mm的立方体试件强度定义混凝土强度等级，这二者之间存在0.8倍的换算关系。

徐变发展方程 $\beta_c(t-\tau)$ 定义为

$$\beta_c(t-\tau) = \left[\frac{t-\tau}{\beta_H+(t-\tau)}\right]^{0.3} \tag{6-30}$$

其中

$$\beta_H = 150[1 + (1.2H)^{18}]\frac{h}{100} + 250 \leqslant 1\,500 \tag{6-31}$$

CEB90 模型收缩应变发展方程定义如下

$$\varepsilon_{cs}(t,t_s) = \varepsilon_{cs0}\beta_s(t - t_s) \tag{6-32}$$

式中：ε_{cs0}——收缩终极值；

$\beta_s(t-t_s)$——收缩发展方程。

收缩终极值 ε_{cs0}定义如下

$$\varepsilon_{cs0} = \varepsilon_s(f_{cm})\beta_{RH} \tag{6-33}$$

其中

$$\varepsilon_s(f_{cm}) = \left[160 + 10\beta_{sc}\left(9 - \frac{f_{cm}}{10}\right)\right] \times 10^{-6} \tag{6-34}$$

$$\beta_{RH} = \begin{cases} -1.55(1 - H^3) & 0.4 \leqslant H \leqslant 0.99 \\ 0.25 & H > 0.99 \end{cases} \tag{6-35}$$

式(6-34)中，β_{sc}为一跟水泥品种相关的参数，对于快干高强水泥、快干普通水泥和慢干水泥，β_{sc}分别取 8、5 和 4。

收缩发展方程 $\beta_s(t-t_s)$定义为

$$\beta_s(t - t_s) = \left[\frac{t - t_s}{350\left(\frac{h}{100}\right)^2 + t - t_s}\right]^{0.5} \tag{6-36}$$

式中：t_s——收缩开始时间，即潮湿养护结束时间。

6.2.3 ACI209 模型[11]

ACI209 模型中关于徐变度的定义与式(6-2)略有不同，具体表达式为

$$J(t,\tau) = \frac{1}{E_c(\tau)} + \frac{1}{E_c(\tau)}\varphi(t,\tau) \tag{6-37}$$

可以发现，ACI209 模型在计算瞬时弹性变形和徐变变形时均采用了 τ 时刻的弹性模量，其计算公式如下

$$E_c(\tau) = 0.043\,26\sqrt{\rho^3 f_{cm}\left(\frac{\tau}{a + b\tau}\right)} \tag{6-38}$$

式中：ρ——混凝土密度（kg/m^3）；

f_{cm}——混凝土 28d 抗压强度平均值（MPa）。

常数 a 和 b 的取值与水泥种类和养护条件有关，根据表 6-4 取值。

ACI209 模型中常数 a 和 b 取值 表 6-4

水泥种类	养护条件	a	b
ASTM Ⅰ型水泥	潮湿养护	4.00	0.85
	蒸汽养护	1.00	0.95
ASTM Ⅲ型水泥	潮湿养护	2.30	0.92
	蒸汽养护	0.70	0.98

徐变系数 $\varphi(t,\tau)$ 定义如下

$$\varphi(t,\tau) = \frac{(t-\tau)^{0.6}}{10+(t-\tau)^{0.6}}\varphi_{\infty}(\tau) \tag{6-39}$$

式中：$\varphi_{\infty}(\tau)$——徐变系数终极值。

$$\varphi_{\infty}(\tau) = 2.35k_2'k_1'k_4'k_3'k_6'k_7' \tag{6-40}$$

当潮湿养护时加载龄期大于 7d 或者蒸汽养护时加载龄期大于 3d，式(6-40)中 k_2' 定义为

$$k_2' = \begin{cases} 1.25\tau^{-0.118} & \text{潮湿养护} \\ 1.13\tau^{-0.095} & \text{蒸汽养护} \end{cases} \tag{6-41}$$

湿度系数 k_1' 定义为

$$k_1' = 1.27 - 0.6H, H \geqslant 0.4 \tag{6-42}$$

式中：H——环境湿度(用小数表示)。

构件尺寸系数 k_4' 定义为

$$k_4' = \frac{2}{3}(1 + 1.13\mathrm{e}^{-0.0212V/S}) \tag{6-43}$$

式中：V/S——体积与表面积之比(mm)。

坍落度系数 k_3' 定义为

$$k_3' = 0.82 + 0.00264s_{\mathrm{f}} \tag{6-44}$$

式中：s_{f}——坍落度(mm)。

集料重量比系数 k_6' 定义为

$$k_6' = 0.88 + 0.24s/a \tag{6-45}$$

式中：s/a——细集料与集料质量的比值(用小数表示)。

空气含量系数 k_7' 定义为

$$k_7' = 0.46 + 0.09A \geqslant 1 \tag{6-46}$$

式中：A——空气含量(%)。

ACI209 模型收缩应变发展方程定义如下

$$\varepsilon_{cs}(t,t_s) = \begin{cases} \dfrac{t-t_s}{35+(t-t_s)}\varepsilon_{sh\infty} & \text{潮湿养护} \\ \dfrac{t-t_s}{55+(t-t_s)}\varepsilon_{sh\infty} & \text{蒸汽养护} \end{cases} \tag{6-47}$$

式中:t_s——收缩开始时间。

收缩终极值 $\varepsilon_{sh\infty}$ 的定义为

$$\varepsilon_{sh\infty} = 780\times10^{-6}\cdot\tilde{k}'_5\,\tilde{k}'_1\,\tilde{k}'_4\,\tilde{k}'_3\,\tilde{k}'_6\,\tilde{k}'_8\,\tilde{k}'_7 \tag{6-48}$$

对于潮湿养护,常数$\tilde{k}'_5$的取值如表 6-5 所示;对于蒸汽养护 1 ~3d 的情况,取$\tilde{k}'_5=1.00$。

ACI209 模型中常数$\tilde{k}'_5$取值 表 6-5

潮湿养护时间(d)	$\tilde{k}'_5$	潮湿养护时间(d)	$\tilde{k}'_5$
1	1.20	14	0.93
3	1.10	28	0.86
7	1.00	90	0.75

湿度系数$\tilde{k}'_1$定义为

$$\tilde{k}'_1 = \begin{cases} 1.40-H & 0.4\leqslant H\leqslant0.8 \\ 3.00-3H & 0.8\leqslant H\leqslant1.0 \end{cases} \tag{6-49}$$

构件尺寸系数$\tilde{k}'_4$定义为

$$\tilde{k}'_4 = 1.2\mathrm{e}^{-0.00473\frac{V}{S}} \tag{6-50}$$

坍落度系数$\tilde{k}'_3$定义为

$$\tilde{k}'_3 = 0.89+0.00264s_f \tag{6-51}$$

集料质量比系数$\tilde{k}'_6$定义为

$$\tilde{k}'_6 = \begin{cases} 0.3+1.4\dfrac{s}{a} & \dfrac{s}{a}\leqslant0.5 \\ 0.9+0.2\dfrac{s}{a} & \dfrac{s}{a}>0.5 \end{cases} \tag{6-52}$$

水泥含量系数 $\tilde{k}_8'$ 定义为

$$\tilde{k}_8' = 0.75 + 0.00061\gamma \tag{6-53}$$

式中：γ——水泥含量（kg/m^3）。

空气含量系数 $\tilde{k}_7'$ 定义为

$$\tilde{k}_7' = 0.95 + 0.008A \tag{6-54}$$

6.2.4 GL2000 模型

N. J. Gardner 和 J. W. Zhao 通过综合研究 Davis 和 Brooks 等人长期试验结果后，提出了收缩徐变预测表达式，被称之为 GZ 模型。Gardner 和 Lockman 对 GZ 模型加以改进，提出了 GL2000 模型[12]。GL2000 模型在计算徐变系数时涵盖了计算龄期、加载龄期、干燥开始时龄期、构件体表比和相对湿度 5 个参数。GL2000 模型修正了 GZ 模型在加载初期的应力松弛和不合理徐变恢复的缺陷。另外该模型对强度达 70MPa 的高强混凝土也适用，且考虑了加载前混凝土的干燥对加载后徐变变形的影响。

GL2000 模型关于应力引起的长期应变定义与 CEB 90 模型一样，即

$$\varepsilon(t,\tau) = \frac{\sigma}{E_c(\tau)} + \frac{\sigma}{E_c}\varphi(t,\tau) \tag{6-55}$$

式中：E_c——28d 混凝土弹性模量；

$E_c(\tau)$——加载龄期时混凝土弹性模量。

在 GL2000 模型中，任意龄期下混凝土弹性模量 $E_c(\tau)$（MPa）按照下式计算

$$E_c(\tau) = 3500 + 4300\sqrt{f_{cm\tau}} \tag{6-56}$$

式中：$f_{cm\tau}$——龄期 τ 时混凝土抗压强度平均值，GL2000 模型中定义该值为

$$f_{cm\tau} = f_{cm28}\frac{\tau^{0.75}}{a + b\tau^{0.75}} \tag{6-57}$$

f_{cm28}——28d 混凝土抗压强度平均值，定义如下

$$f_{cm28} = 1.1f_{ck} + 5 \tag{6-58}$$

f_{ck}——28d 混凝土抗压强度标准值。

在强度发展方程式(6-57)中，系数 a 和 b 的取值与水泥品种有关，具体取值如表 6-6 所示。

常数 a、b 取值　　表6-6

水泥品种	a	b
ASTM Ⅰ型水泥	2.8	0.77
ASTM Ⅱ型水泥	3.4	0.72
ASTM Ⅲ型水泥	1.0	0.92

GL2000 模型中,定义徐变系数 $\varphi(t,\tau)$ 如下

$$\varphi(t,\tau)=\Phi(t_c)\times\left\{2\left[\frac{(t-\tau)^{0.3}}{(t-\tau)^{0.3}+14}\right]+\sqrt{\frac{7}{\tau}}\sqrt{\frac{(t-\tau)}{(t-\tau)+7}}+2.5(1-1.086H^2)\sqrt{\frac{(t-\tau)}{(t-\tau)+0.15(V/S)^2}}\right\} \tag{6-59}$$

式中:H——湿度(用小数表示);

V/S——构件的体积与表面积之比(mm);

t_c——干缩开始龄期,即为潮湿养护结束时间。

当 $\tau\leqslant t_c$ 时,取 $\Phi(t_c)=1$;如果 $\tau>t_c$,则

$$\Phi(t_c)=\sqrt{1-\sqrt{\frac{(t_0-t_c)}{(t_0-t_c)+0.15(V/S)^2}}} \tag{6-60}$$

GL2000 模型收缩应变发展方程定义如下

$$\varepsilon_{sh}(t)=\varepsilon_{shu}\beta(h)\beta(t) \tag{6-61}$$

其中

$$\varepsilon_{shu}=0.000\,9K\sqrt{\frac{30}{f_{cm28}}} \tag{6-62}$$

$$\beta(h)=1-1.18H^4 \tag{6-63}$$

$$\beta(t)=\sqrt{\frac{t-t_c}{t-t_c+0.15\,(V/S)^2}} \tag{6-64}$$

在式(6-62)中,参数 K 也与水泥种类有关,对于 ASTM Ⅰ型、Ⅱ型和Ⅲ型水泥,K 值分别取 1.0、0.75 和 1.15。

6.2.5 B3 模型

B3 模型是由西北大学 Bazant 教授提出。该模型的雏形是 1978 年 Bazant 与 Panula 提出的 BP 模型[13]。随后,Bazant 教授领导的研究小组进一步发展该模

型,在1991年提出了BP-KX模型[14]。2000年,又在以前工作的基础上,进一步提出了B3模型[15]。

在B3模型中,时变应变定义为

$$\varepsilon(t)=\sigma\cdot J(t,\tau)+\varepsilon_{sh}(t) \tag{6-65}$$

其中,徐变度$J(t,\tau)$定义为

$$J(t,\tau)=q_1+C_0(t,\tau)+C_d(t,\tau,t_0) \tag{6-66}$$

上式的量纲意义为,在τ时刻施加1MPa的单位应力时,在t时刻产生的微应变(με)。式(6-66)中,q_1代表单位应力作用下的瞬时弹性应变,其表达式为

$$q_1=\frac{0.6\times10^6}{E_{28}} \tag{6-67}$$

式中:E_{28}——混凝土28d弹性模量(MPa),定义如下

$$E_{28}=4\,734\sqrt{\bar{f}_c} \tag{6-68}$$

$\bar{f}_c$——混凝土抗压强度平均值(MPa)。

在式(6-66)中,$C_0(t,\tau)$为与基本徐变相关的徐变度,其表达式如下

$$C_0(t,\tau)=q_2Q(t,\tau)+q_3\ln[1+(t-\tau)^n]+q_4\ln\left(\frac{t}{\tau}\right) \tag{6-69}$$

其中

$$q_2=185.4c^{0.5}\bar{f}_c^{-0.9} \tag{6-70}$$

$$q_3=0.29(w/c)^4q_2 \tag{6-71}$$

$$q_4=20.3(a/c)^{-0.7} \tag{6-72}$$

式中:c——水泥含量(kg/m^3);

w/c——水灰比;

a/c——集料水泥质量比;

n——一般可取0.1。

式(6-69)中,$Q(t,\tau)$的表达式写为

$$Q(t,\tau)=Q_f(\tau)\left\{1+\left[\frac{Q_f(\tau)}{Z(t,\tau)}\right]^{r(\tau)}\right\}^{\frac{-1}{r(\tau)}} \tag{6-73}$$

其中

$$r(\tau)=1.7\tau^{0.12}+8 \tag{6-74}$$

$$Z(t,\tau)=\tau^{-0.5}\ln[1+(t-\tau)^{0.1}] \tag{6-75}$$

$$Q_f(\tau)=(0.086\tau^{2/9}+1.21\tau^{4/9})^{-1} \tag{6-76}$$

在数值计算时,当$t-\tau\leqslant10^{-4}\tau$时,$Q(t,\tau)$应采用下式计算

$$Q(t,\tau) = \tau^{-0.5}\ln[1 + (t - \tau)^{0.1}] \tag{6-77}$$

在式(6-66)中，$C_d(t,\tau,t_0)$为与干燥徐变相关的徐变度，其表达式如下

$$C_d(t,\tau,t_0) = q_5 \cdot [e^{-8H(t)} - e^{-8H(t_0')}]^{0.5} \tag{6-78}$$

式中：t_0——干燥开始时间，$t_0' = \max(\tau,t_0)$。

$H(t)$的表达式为

$$H(t) = 1 - (1 - H)S(t) \tag{6-79}$$

式中：H——环境湿度（用小数表示）。

$S(t)$的表达式为

$$S(t) = \tanh\sqrt{\frac{t - t_0}{\tau_{sh}}} \tag{6-80}$$

式中：τ_{sh}——形状系数，其定义为

$$\tau_{sh} = k_t\ (k_s D)^2 \tag{6-81}$$

D——截面有效高度(cm)，$D = 2V/S$（V/S 为构件体积与表面积比）；

k_s——与截面形状相关系数，可按表6-7取值。在一般情况下，可取1.0。

k_s 取 值 表6-7

截面形状	平板	圆柱体	棱柱体	球体	立方体
k_s	1.00	1.15	1.25	1.30	1.55

式(6-81)中，k_t 的表达式为

$$k_t = 8.5 t_0^{-0.08} \bar{f}_c^{-0.25} \tag{6-82}$$

式(6-78)中，参数 q_5 的表达式为

$$q_5 = 7.57 \times 10^5 \bar{f}_c^{-1}\ |\varepsilon_{sh\infty}|^{-0.6} \tag{6-83}$$

式中：$\varepsilon_{sh\infty}$——收缩系数终极值，其定义在随后的收缩模型中给出。

B3模型收缩发展方程定义如下

$$\varepsilon_{sh}(t,t_0) = -\varepsilon_{sh\infty} k_H S(t) \tag{6-84}$$

其中，时间发展函数 $S(t)$的定义见式(6-80)，湿度系数 k_H 的定义为

$$k_H = \begin{cases} 1 - H^3 & H \leqslant 0.98 \\ -0.2 & H = 1.0 \\ \text{线性内插} & 0.98 \leqslant H \leqslant 1.0 \end{cases} \tag{6-85}$$

式(6-84)中，收缩系数终极值 $\varepsilon_{sh\infty}$的定义为

$$\varepsilon_{sh\infty} = \varepsilon_{s\infty} \frac{E(607)}{E(t_0 + \tau_{sh})} \tag{6-86}$$

其中

$$E(t) = E(28)\left(\frac{t}{4+0.85t}\right)^{0.5} \tag{6-87}$$

式(6-86)中,参数 $\varepsilon_{s\infty}$ 的定义如下

$$\varepsilon_{s\infty} = -\alpha_1\alpha_2(1.9\times10^{-2}w^{2.1}\bar{f}_c^{-0.28}+270) \tag{6-88}$$

式中:α_1——与水泥种类相关系数;

α_2——与养护条件相关系数。

α_1、α_2 具体取值如下

$$\alpha_1 = \begin{cases} 1.0 & \text{ASTM I 型水泥} \\ 0.85 & \text{ASTM II 型水泥} \\ 1.1 & \text{ASTM III 型水泥} \end{cases} \tag{6-89}$$

$$\alpha_2 = \begin{cases} 0.75 & \text{蒸汽养护} \\ 1.2 & \text{密闭养护} \\ 1.0 & \text{水中养护} \end{cases} \tag{6-90}$$

6.2.6 收缩徐变试验数据库与各种模型准确性的比较

众所周知,混凝土收缩徐变是混凝土最复杂的力学性能之一。混凝土收缩徐变模型的建立离不开对大量试验结果的回归拟合。1978 年,Bazant 教授建立了世界上第一个混凝土收缩徐变模型数据库,收集了大约 400 组徐变试验数据和 300 组收缩试验数据,这些试验数据基本来自美国与欧洲。1980 年,CEB 的 Rusch 工作组与 ACI 209 分委会合作,对 Bazant 的数据库进行了少量扩充。随后,国际材料与试验室联合会(RILEM)对数据库进行了进一步扩充,数据库共包含了 518 组徐变试验数据和 426 组数据,形成了 RELIM 数据库。2008 年,Bazant 教授进一步扩展了数据库,引入了部分捷克与日本的试验数据,共包含了 621 组试验数据和 490 组收缩试验数据[16]。

研究结果表明,上述数据库的收缩徐变试验结果表现出很大的离散性,上述收缩徐变模型的参数都是对试验结果的均值进行拟合。这样,就不可避免地存在模型预测的不确定性。不同的学者对上述收缩徐变模型的模型不确定性的统计结果研究如表 6-8 所示。可以看出,B3 模型和 GL2000 模型表现出较小的模型离散性,对试验结果模拟较好,而 ACI209 模型由于采用的是 20 世纪 60 年代的研究成果,模型的离散性最大。

收缩徐变模型变异系数　　表6-8

模　　型	徐变模型变异系数	收缩模型变异系数	研　究　者	文　　献
ACI 209 模型	0.581	0.553	Bazant	[17]
	0.481	—	Fabourakis	[18]
	0.300	0.410	Gardner	[19]
CEB78 模型	0.310	—	Fabourakis	[17]
CEB90 模型	0.339	0.451	Bazant	[17]
	0.362	—	Fabourakis	[18]
	0.370	0.320	Gardner	[19]
B3 模型	0.230	0.340	Bazant	[17]
	0.259	—	Fabourakis	[18]
	0.290	0.310	Gardner	[19]
GL2000 模型	0.260	0.250	Gardner	[19]

6.3　混凝土徐变效应分析方法

混凝土收缩是一个与应力历程无关的物理现象,其分析过程相对简单,在有限元分析中可以归结为类似于降温过程的初应变问题。混凝土徐变效应与结构的应力历程密切相关,其分析计算比收缩效应要困难复杂得多。

6.3.1　叠加原理

对于很多混凝土结构,在结构形成过程中,经历了多次施工步骤的转换,结构应力是逐渐累加形成的。同时,对于超静定结构,收缩徐变引起的二次效应将导致结构应力具有时变效应。在计算时变应力作用下混凝土的徐变效应时,需用到叠加原理这一重要假设。

当叠加原理成立时,对于变应力作用下混凝土的徐变应变可以写为

$$\varepsilon(t,\tau) = \int_{\tau}^{t} J(t,t')\,\mathrm{d}\sigma(t') \tag{6-91}$$

一般而言,叠加原理成立需要严格满足以下几个条件[20]:

(1)结构应力处于弹性阶段,即应力低于$0.5f_c$。

(2)不出现卸载情况。

(3)环境湿度无显著的改变。

(4)在初次加载后,无突然增加应力的情况发生。

在实际工程结构的计算中，一般可以认为只要满足第一个条件，叠加原理就可成立。

6.3.2 按照龄期调整的有效模量法

如式(6-91)所示，在满足叠加原理的前提下，求解变应力作用下的徐变问题需要求解一个积分方程，这种做法在实际工程分析中是非常不方便的，这就需要寻求方便应用的近似算法，按照龄期调整的有效模量法就是其中的一种。

按照龄期调整的有效模量法最早为 Trost 于 1967 年提出，随后，在 1972 年，Bazant 对这一方法进行了完善[21]。ACI 209 分委会推荐该方法为徐变效应的工程分析方法。Bazant 在文献[15]中，将结构根据复杂程度由低到高分为 5 级，对于第 4 级结构，即大跨度桥梁和大型建筑等结构，建议采用按照龄期调整的有效模量法计算徐变效应。

对于任意 t 时刻，连续变化的应变与应力的关系可以表示为

$$\varepsilon(t) = \sigma(\tau) \cdot \frac{[1+\varphi(t,\tau)]}{E(\tau)} + \int_{\tau}^{t} \frac{\partial\sigma(t')}{\partial t'} \cdot \frac{[1+\varphi(t,t')]}{E(t')} \mathrm{d}t' \tag{6-92}$$

式中：τ——加载时的混凝土龄期；

t——计算应变时的混凝土龄期。

定义徐变应力和徐变应变为

$$\sigma_{\mathrm{s}}(t) = \sigma(t) - \sigma(\tau) \tag{6-93}$$

$$\varepsilon_{\mathrm{s}}(t) = \varepsilon(t) - \varepsilon(\tau) \tag{6-94}$$

若假定混凝土弹性模量为常数，式(6-92)可以写为

$$\varepsilon_{\mathrm{s}}(t) = \sigma(\tau) \cdot \frac{\varphi(t,\tau)}{E} + \frac{\sigma_{\mathrm{s}}(t) - \sigma_{\mathrm{s}}(\tau)}{E} + \int_{\tau}^{t} \frac{\partial\sigma_{\mathrm{s}}(t')}{\partial t'} \cdot \frac{\varphi(t,t')}{E} \mathrm{d}t' \tag{6-95}$$

采用积分中值定理将上式表示的积分方程转化为代数方程求解，注意到 $\sigma_{\mathrm{s}}(\tau)=0$，则上式成为

$$\varepsilon_{\mathrm{s}}(t) = \sigma(\tau) \cdot \frac{\varphi(t,\tau)}{E} + \frac{\sigma_{\mathrm{s}}(t)}{E}[1+\varphi(t,\tau_{\xi})] \tag{6-96}$$

其中

$$\varphi(t,\tau_{\xi}) = \frac{\int_{\tau}^{t} \frac{\partial\sigma_{\mathrm{s}}(t')}{\partial t'} \cdot \varphi(t,t') \mathrm{d}t'}{\sigma_{\mathrm{s}}(t)} \tag{6-97}$$

其中，参数 τ_{ξ} 满足 $\tau \leqslant \tau_{\xi} \leqslant t$，即 $0 \leqslant \varphi(t,\tau_{\xi}) \leqslant \varphi(t,\tau_0)$。

令 $\varphi(t,\tau_{\xi}) = \rho \cdot \varphi(t,\tau_0)$，其中 ρ 被称为时效函数（老化系数、松弛系数），

是与时间 t 相关的函数,反映混凝土的老化性质。则式(6-96)可以重新写为

$$\varepsilon_s(t) = \sigma(\tau)\cdot\frac{\varphi(t,\tau)}{E} + \frac{\sigma_s(t)}{E_\varphi} \tag{6-98}$$

式中:E_φ——按龄期调整的有效弹性模量或徐变等效弹性模量。

$$E_\varphi = \frac{E}{1+\rho\cdot\varphi(t,\tau_0)} \tag{6-99}$$

老化系数 ρ 可以根据试验结果曲线插值计算,也可以根据采用的徐变系数表达式进行推算。金成棣提出了以老化理论为基础的近似老化系数的计算公式

$$\rho(t,\tau_0) = \frac{1}{1-e^{-\varphi(t,\tau_0)}} - \frac{1}{\varphi(t,\tau_0)} \tag{6-100}$$

在实际计算中,不必过分追求老化系数的精确程度,因为徐变计算误差最大的方面还在于徐变系数的选择。根据 Trost 的分析,老化系数一般在 0.5 ~ 1 之间,一般可以取 0.8[7]。

式(6-98)可以重新写为

$$\sigma_s(\tau) = E_\varphi\left[\varepsilon_s(t) - \sigma(\tau)\cdot\frac{\varphi(t,\tau)}{E}\right] \tag{6-101}$$

记

$$\varepsilon_e = \frac{\sigma(\tau)}{E} \tag{6-102}$$

则式(6-101)可以写为

$$\sigma_s(\tau) = E_\varphi[\varepsilon_s(t) - \varepsilon_e\cdot\varphi(t,\tau)] \tag{6-103}$$

从上式可以看出,求解混凝土徐变问题实际上可以等效为求解初应变为 $\varepsilon_e\cdot\varphi(t,\tau)$ 的初应变问题。

需要指出的是,在将式(6-92)改写成式(6-95)时,引入了混凝土弹性模量为常数这一假设。但是,实际时变效应分析时,往往需要考虑混凝土弹性模量的发展,即徐变度定义如式(6-2)所示。对于这一问题,可以用如下简单数学技巧处理。式(6-2)可以重写为

$$\begin{aligned} J(t,\tau) &= \frac{1}{E_c(\tau)} + \frac{1}{E_c}\varphi(t,\tau) \\ &= \frac{1}{E_c} + \frac{1}{E_c}\varphi(t,\tau) + \frac{1}{E_c(\tau)} - \frac{1}{E_c} \\ &= \frac{1}{E_c} + \frac{1}{E_c}\left[\varphi(t,\tau) + \frac{E_c}{E_c(\tau)} - 1\right] \end{aligned} \tag{6-104}$$

定义"广义徐变系数"$\tilde{\varphi}(t,\tau)$为

$$\tilde{\varphi}(t,\tau) = \varphi(t,\tau) + \frac{E_c}{E_c(\tau)} - 1 \tag{6-105}$$

显然,经上述简单数学处理后,将式(6-105)中的“广义徐变系数”$\tilde{\varphi}$ 替换式(6-95)中的徐变系数 φ,即可在考虑弹性模量时变发展过程的同时又能从数学推导上满足“混凝土弹性模量为常数”这一要求。

在钢筋混凝土结构中,即便在正常使用状态下,混凝土的压应力低于 $0.5f_c$,也有可能出现混凝土开裂等非线性行为。因此,如果同时考虑开裂非线性与徐变的耦合效应,需要采取迭代算法求解。

6.4 基于退化梁单元的考虑施工阶段徐变效应有限元分析原理

在退化梁单元的有限元分析中,是以应变作为基本变量进行分析的,因而,在随后的讨论中均以应变为基本变量展开讨论。

如图 6-3 所示,ε_i 表示 t_i 时刻的瞬时弹性应变增量,ε_i^* 表示 $t_{i-1} \rightarrow t_i$ 阶段由应力重分配产生的弹性应变增量,则 t_n 和 t_{n-1}时刻的徐变应变为

$$\varepsilon_n^s = \sum_{i=0}^{n-1} \varepsilon_i \cdot \varphi(t_n, t_i) + \sum_{i=1}^{n} \int_{t_{i-1}}^{t_i} \frac{\partial \varepsilon^*(t')}{\partial t'} \cdot [1 + \varphi(t_n, t')] \mathrm{d}t' \tag{6-106}$$

$$\varepsilon_{n-1}^s = \sum_{i=0}^{n-1} \varepsilon_i \cdot \varphi(t_{n-1}, t_i) + \sum_{i=1}^{n-1} \int_{t_{i-1}}^{t_i} \frac{\partial \varepsilon^*(t')}{\partial t'} \cdot [1 + \varphi(t_{n-1}, t')] \mathrm{d}t' \tag{6-107}$$

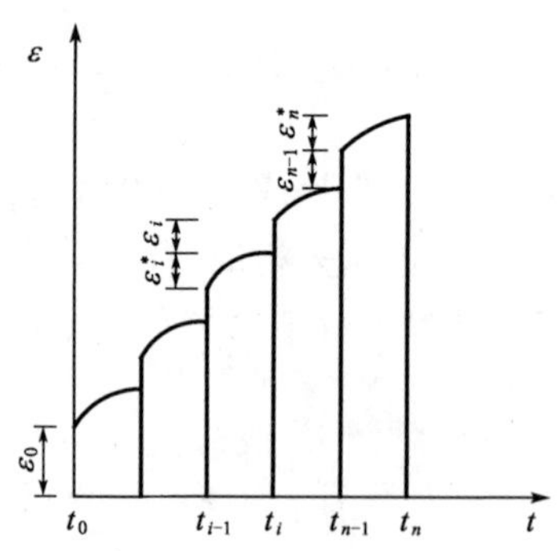

图 6-3 徐变应变与时间的关系

定义 $t_{n-1} \rightarrow t_n$ 阶段的徐变应变增量为

$$\varepsilon_n = \varepsilon_n^s - \varepsilon_{n-1}^s \tag{6-108}$$

将式(6-106)和式(6-107)代入式(6-108)得

$$\varepsilon_n = \sum_{i=0}^{n-1}\varepsilon_i \cdot [\varphi(t_n,t_i) - \varphi(t_{n-1},t_i)] + \sum_{i=1}^{n-1}\int_{t_{i-1}}^{t_i} \frac{\partial \varepsilon^*(t')}{\partial t'} \cdot$$

$$[\varphi(t_n,t') - \varphi(t_{n-1},t')]\mathrm{d}t' + \int_{t_{n-1}}^{t_n} \frac{\partial \varepsilon^*(t')}{\partial t'} \cdot [1 + \varphi(t_n,t')]\mathrm{d}t' \quad (6\text{-}109)$$

根据按照龄期调整的有效模量法原理，式(6-109)可以写为

$$\varepsilon_n = \sum_{i=0}^{n-1}\varepsilon_i \cdot [\varphi(t_n,t_i) - \varphi(t_{n-1},t_i)] + \sum_{i=1}^{n-1}\varepsilon_i^* \cdot [\varphi(t_n,t_\zeta) - \varphi(t_{n-1},t_\zeta)] +$$

$$\varepsilon_n^* \cdot [1 + \rho(t_n,t_{n-1}) \cdot \varphi(t_n,t_{n-1})] \quad (6\text{-}110)$$

引入系数

$$\varphi_{ni} = \varphi(t_n,t_i) - \varphi(t_{n-1},t_i) \quad (6\text{-}111)$$

$$\overline{\varphi}_{ni} = \varphi(t_n,t_\zeta) - \varphi(t_{n-1},t_\zeta) \quad (6\text{-}112)$$

对于一般工程计算，$\overline{\varphi}_{ni}$可以近似取为

$$\overline{\varphi}_{ni} \approx \varphi(t_n,t_{i-1/2}) - \varphi(t_{n-1},t_{i-1/2}) \quad (6\text{-}113)$$

其中

$$t_{i-1/2} = \frac{1}{2}(t_i + t_{i-1}) \quad (6\text{-}114)$$

则式(6-110)可以重新写为

$$\varepsilon_n = \sum_{i=0}^{n-1}\varepsilon_i \cdot \varphi_{ni} + \sum_{i=0}^{n-1}\varepsilon_i^* \cdot \overline{\varphi}_{ni} + \varepsilon_n^* \cdot \frac{1}{\gamma(t_n,t_{n-1})} \quad (6\text{-}115)$$

其中

$$\gamma(t_n,t_{n-1}) = \frac{1}{1 + \rho(t_n,t_{n-1}) \cdot \varphi(t_n,t_{n-1})} \quad (6\text{-}116)$$

记

$$\varepsilon_n' = \sum_{i=0}^{n-1}\varepsilon_i \cdot \varphi_{ni} + \sum_{i=0}^{n-1}\varepsilon_i^* \cdot \overline{\varphi}_{ni} \quad (6\text{-}117)$$

则式(6-115)可以写为

$$\varepsilon_n^* = \gamma(t_n,t_{n-1}) \cdot (\varepsilon_n - \varepsilon_n') \quad (6\text{-}118)$$

与之对应的 $t_{n-1} \rightarrow t_n$ 阶段的弹性应力增量则写为

$$\sigma_n^* = \gamma(t_n,t_{n-1}) \cdot E \cdot (\varepsilon_n - \varepsilon_n') \quad (6\text{-}119)$$

于是，$t_{n-1} \rightarrow t_n$ 阶段的由于徐变引起的弹性应变和应力增量的求解可归结于上式所表述的初应变问题。

6.5 算例分析

本节重点介绍退化梁单元在混凝土结构收缩徐变效应分析中的应用。内容涉及普通钢筋混凝土梁、钢筋混凝土偏心受压长柱、部分预应力混凝土梁、钢—

混组合梁以及大跨度钢管混凝土劲性骨架拱桥等结构的长期时变行为分析。

国际材料和结构试验室联合会(RILEM)的TC114/3委员会于1993年给出了8个混凝土结构和材料的徐变行为的验证算例(Benchmark Example)[22]。其中,验证算例1是关于钢筋混凝土梁的徐变问题,重点考察混凝土开裂非线性与徐变效应的耦合作用。算例2是关于钢筋混凝土细长柱的徐变失稳问题,重点考察几何非线性行为与徐变效应耦合问题。算例3是关于部分预应力混凝土梁的徐变问题,重点考察预应力混凝土梁在多次加载条件下的徐变问题。在随后的算例分析中,将对这三个试验进行较为详细的讨论。

同时,结合近年来作者开展的相关研究工作,在本节中还给出了钢—混凝土组合简支梁、大跨度钢管混凝土劲性骨架拱桥以及大跨度钢—混凝土组合连续梁的收缩徐变效应分析。

6.5.1 钢筋混凝土简支梁(RILEM验证算例1)[8]

算例1为钢筋混凝土简支梁的收缩徐变试验,一共5组构件,试验梁的尺寸和配筋如图6-4所示。混凝土配合比为:砂730kg/m^3(粒径0~3mm),粗集料550kg/m^3(粒径3~8mm),粗集料530kg/m^3(粒径8~15mm),水泥300kg/m^3(水泥种类类似ASTM I型水泥),水200kg/m^3。构件制作完成后外包帆布养护7d后,拆除外包帆布,在60%的恒定湿度和20℃的恒定温度下开展长期收缩徐变试验。

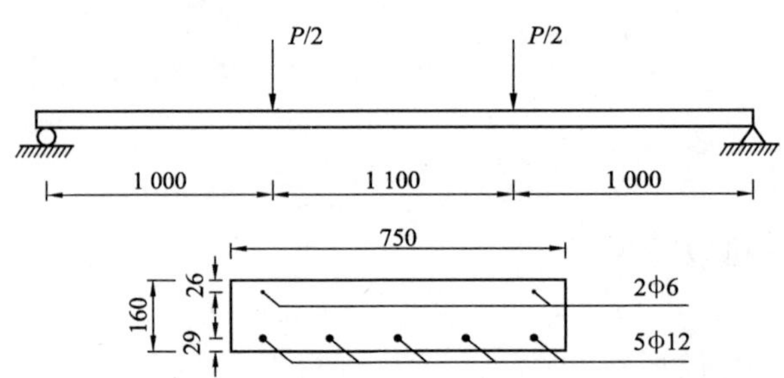

图6-4 钢筋混凝土简支梁几何尺寸和配筋(尺寸单位:mm)

除承受24.53kN/m^{3}的自重荷载外,5根构件分别承受的外加持续荷载P分别为:5.77kN、12.19kN、18.61kN、25.04kN和31.45kN。外加荷载的施加龄期为28d,其中,$P=5.77$kN的梁处于未开裂状态,$P=12.19$kN的梁处于裂缝刚好形成的状态,其余三根梁均处于开裂状态。

5根梁按照荷载P的大小顺序,实测的混凝土同期试块的抗压强度分别为:28.8MPa、29.4(32.9)MPa、30.9MPa、29.4(32.0)MPa和29.3MPa。其中,带括弧的数据代表该荷载水平下共进行了2根梁的试验。

弹性模量为29.3GPa,抗拉强度为2.8MPa。钢筋的弹性模量为200GPa。在文献[23]中给出了该批梁混凝土同期试件的收缩徐变材料试验结果,如图6-5所示。本算例中,采用CEB90模型进行计算分析(文献[8]中采用的是CEB78模型)。5根梁的跨中长期变形曲线如图6-6～图6-10所示。为了对比分析,同时给出了不考虑混凝土开裂的线性分析结果。作为比较,图中也给出了文献[23]中采用DIANA程序的计算结果。

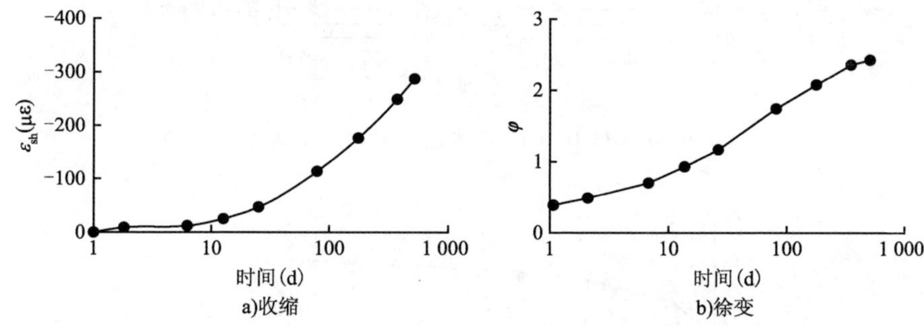

图6-5　模型梁的收缩徐变材料试验结果

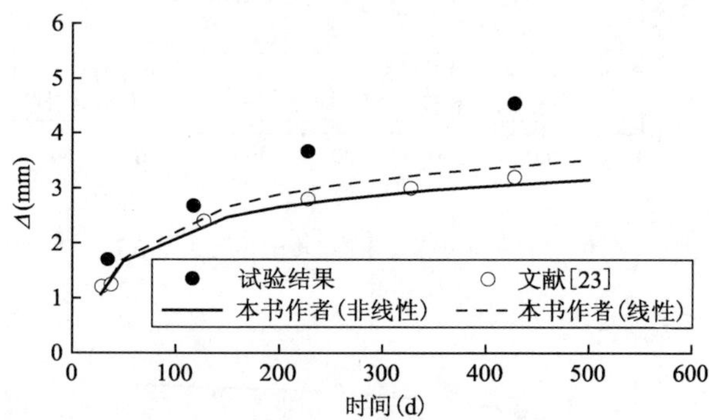

图6-6　$P=5.77$kN 模型梁跨中长期变形结果

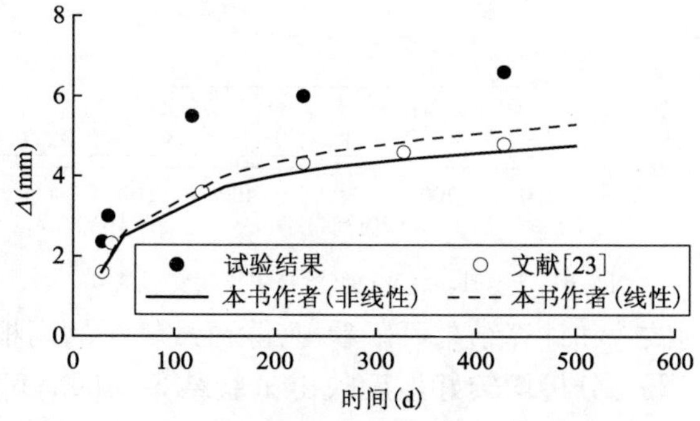

图6-7　$P=12.19$kN 模型梁跨中长期变形结果

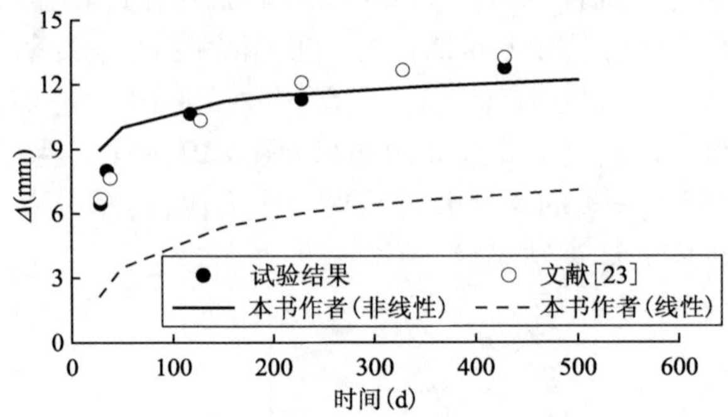

图 6-8 $P = 18.61\text{kN}$ 模型梁跨中长期变形结果

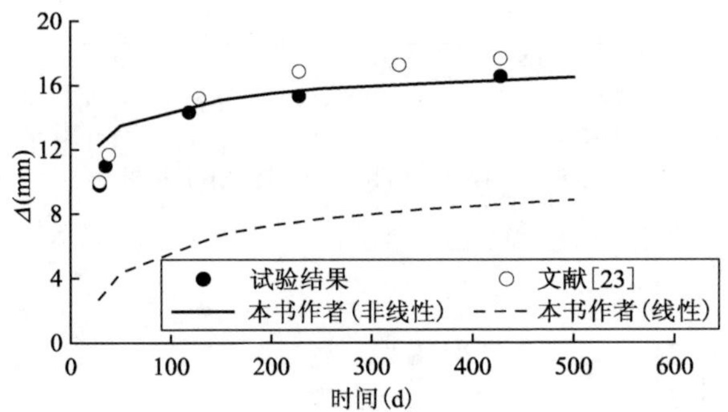

图 6-9 $P = 25.04\text{kN}$ 模型梁跨中长期变形结果

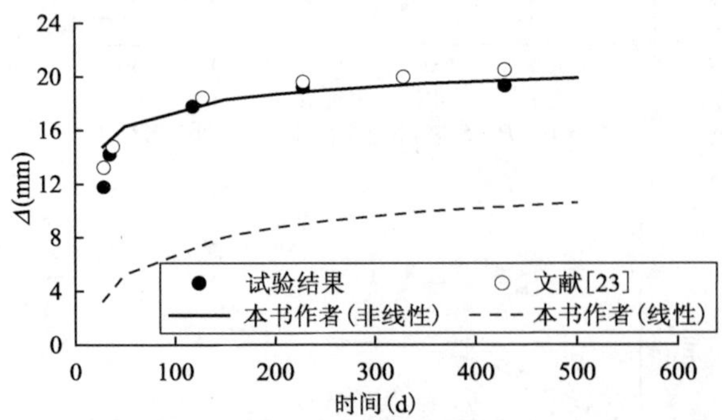

图 6-10 $P = 31.45\text{kN}$ 模型梁跨中长期变形结果

从以上各图的试验和计算结果可以看出,除荷载较小的两根梁($P = 5.77\text{kN}$ 和 12.19kN)外,有限元分析均较好地反映出试验结果。同时可以发现,对于开裂的钢筋混凝土简支梁,如果在长期变形分析时,不考虑混凝土开裂引起结构刚度降低的影响,将明显低估结构的长期变形量。

6.5.2 钢筋混凝土细长柱(RILEM 验证算例 2)

算例 2 为钢筋混凝土细长柱的徐变稳定性试验,试验共有 3 个构件。如图 6-11所示,构件为矩形截面,截面尺寸为 $b \times h = 200\text{mm} \times 150\text{mm}$,混凝土柱长 2 250mm,约束形式为一端固结一端自由。在截面的四个角点位置各布置一根钢筋,钢筋直径为 12mm,钢筋保护层厚度为 14mm。

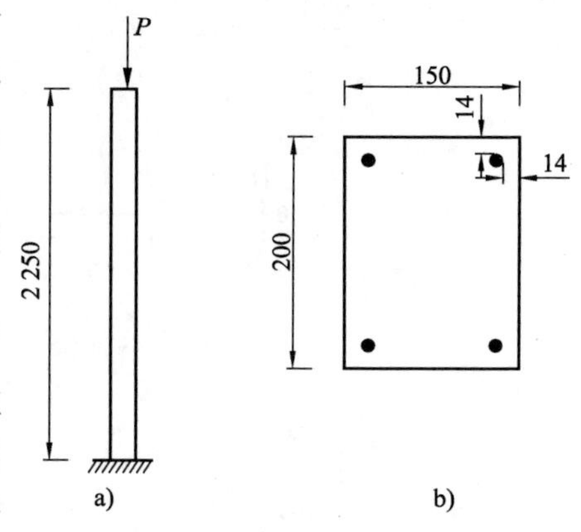

图 6-11 钢筋混凝土柱几何尺寸及配筋(尺寸单位:mm)

试验用混凝土配合比为:砂 730kg/m^3(粒径 0 ~ 3mm),粗集料 1 026kg/m^3(粒径 5 ~ 8mm),水泥 375kg/m^3(水泥种类类似 ASTM I 型水泥),水 210kg/m^3。构件制作完成后,水平放置,外包帆布养护 7d 后,拆除外包帆布,在 55% 的恒定湿度和 21℃的恒定温度下开展试验。

试验荷载为偏心压力,偏心方向选择短边方向,偏心距为 $e = 0.1h = 15\text{mm}$。3 个构件的加载工况如下:

构件一:混凝土龄期为 28d 时,一直加载直至结构破坏(本构件钢筋屈服强度为 465MPa);

构件二:混凝土龄期为 28d 时,加载至 280kN,保持荷载不变,直至构件发生失稳破坏(本构件钢筋屈服强度为 468MPa);

构件三:混凝土龄期为 28d 时,加载至 250kN,持荷 206d 后,继续加载直至构件破坏(本构件钢筋屈服强度为 487MPa)。

本书作者对该试验进行了数值计算分析,由于该试验的重点考察对象为细长柱,因而计算时必须考虑几何非线性的影响。同时,三根试验柱最后都加载到了破坏,材料非线性在计算中需要考虑。因此,本算例集中考察了一个结构在材料非线性、几何非线性和收缩徐变时变效应耦合作用时的结构行为。图 6-12 与图 6-13 给出了构件一与构件三加载的荷载与柱顶横向位移关系曲线。图 6-14 给出了构件二的柱顶横向位移随时间变化曲线。

从以上各图的试验和计算结果可以看出,有限元分析均较好地反映了试验结果。在构件一中,计算时采用了弧长法,可以计算出荷载位移曲线的下降段。

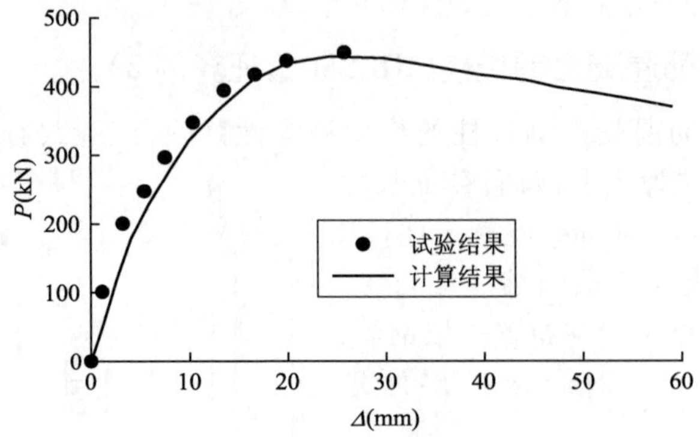

图 6-12 构件一荷载—柱顶横向位移关系曲线

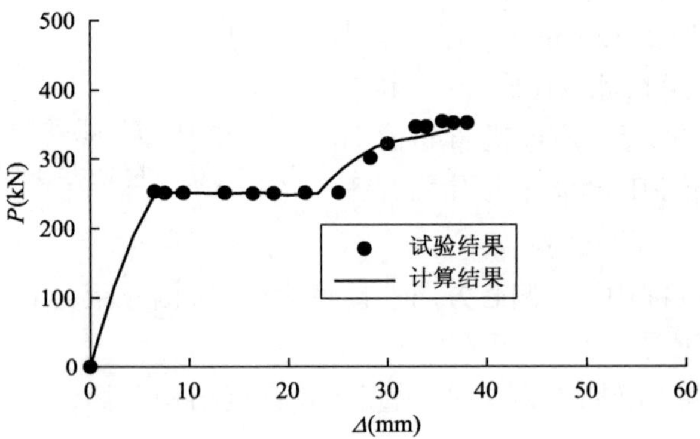

图 6-13 构件三荷载—柱顶横向位移关系曲线

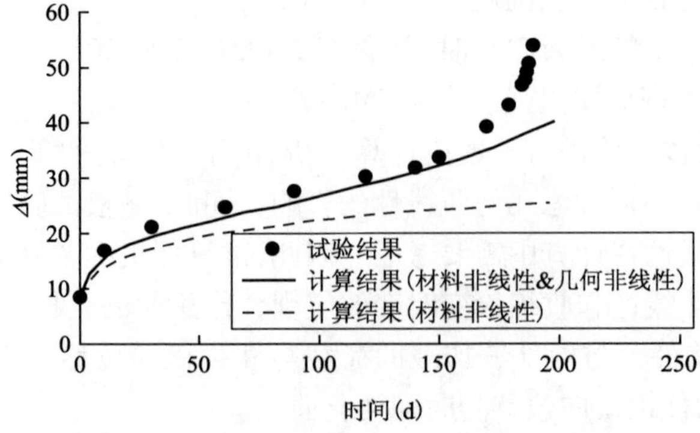

图 6-14 构件二柱顶横向位移随时间变化曲线

在构件二中，如图 6-14 所示，在试验后期，混凝土柱进入徐变失稳状态，计算结果与试验结果有一定差异，但此时，由图中可以看出，计算结果也趋于发散，进入失稳状态。同时，文献[22]指出，构件二属于徐变失稳问题，对混凝土的收缩徐变极为敏感。在图 6-14 中，同时给出了不考虑几何非线性效应的对比分析结果，可以看出，若不考虑几何非线性效应，柱子位移远小于试验结果，柱子最后破坏是由于材料压溃引起的。故在混凝土长柱及细长柱的收缩徐变效应分析中，几何非线性是不可以忽略的。

6.5.3 部分预应力混凝土简支梁（RILEM 验证算例 3）[8]

国际材料与试验室联合会（RILEM）关于收缩徐变的第 3 个验证算例为部分预应力混凝土简支梁。该验证算例重点考察了预应力和加载历程对结构收缩徐变长期变形的影响。试验梁的几何尺寸和加载方式等基本信息如图 6-15 所示。

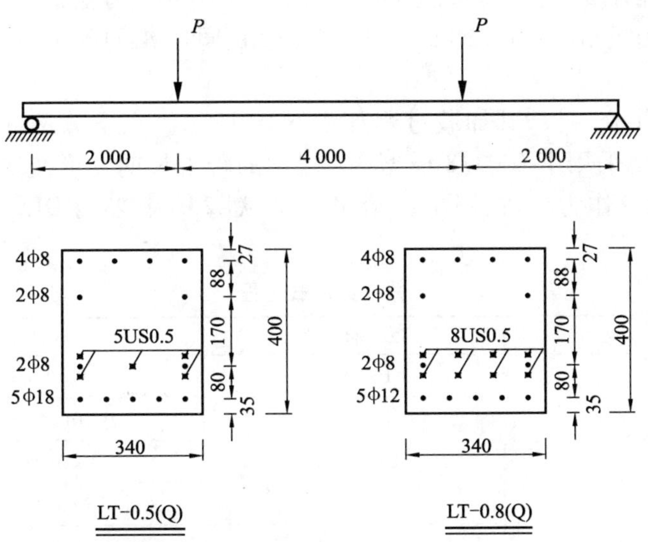

图 6-15 验证算例 3 部分预应力混凝土梁几何尺寸和配筋图（尺寸单位：mm）

如图所示，试验梁根据预应力度（λ）的不同，分为两种配筋情况，即 $\lambda=0.5$ 和 $\lambda=0.8$。两种情况下的具体配筋数量和位置如表 6-9 所示。

该批试验梁的混凝土配合比为：砂 580kg/m^3（粒径 0 ~ 4mm），粗集料 1 270kg/m^3（粒径 4 ~ 14mm），水泥 375kg/m^3（水泥种类类似 ASTM Ⅰ型水泥），水 180kg/m^3。混凝土 28d 抗压强度为 35.7MPa。

普通钢筋和预应力钢筋面积(单位:mm^2)　　表6-9

项　　目	位置	$\lambda=0.5$	$\lambda=0.8$
普通钢筋	第一层	201	201
	第二层	100	100
	第三层	100	100
	第四层	1 272	565
预应力钢筋	顶层	186	372
	中间层	93	—
	底层	186	372

预应力钢束的屈服强度为$f_{py}=1\ 715$MPa,极限强度为$f_{pu}=1\ 892$MPa。在$0.6f_{pu}$和$0.7f_{pu}$应力水平下,1 000h 的应力松弛分别为1.48%和1.55%。

试验梁在浇筑一天后拆模,然后置于60%的恒定湿度和20℃的恒定温度下开展长期收缩徐变试验。龄期为14d时施加预应力,预应力施加采用单端张拉,每根预应力钢束的张拉力为122.8kN。张拉预应力的同时,梁的自重(24.5kN/m^3)开始作用于梁上。

试验梁共分4根,其加载过程如表6-10所示。在本算例的计算分析时收缩徐变模型采用了CEB78模型。4根梁的跨中长期变形曲线如图6-16～图6-19所示。作为比较,图中也给出了文献[23]中采用DIANA程序的计算结果。

试验梁加载过程　　表6-10

预 应 力 度	试　验　梁	加载过程(kN)
$\lambda=0.5$	LT－0.5	$P=0(t>14d)$
	LT－0.5Q	$P=0(14d<t<28d)$
		$P=16.5(28d<t<84d)$
		$P=63.75(t>84d)$
$\lambda=0.8$	LT－0.8	$P=0(t>14d)$
	LT－0.8Q	$P=0(14d<t<28d)$
		$P=16.5(28d<t<84d)$
		$P=63.75(t>84d)$

6.5.4　钢—混凝土组合简支梁

Bradford和Gilbert在1991年完成了一根钢—混组合简支梁的收缩徐变长期变形试验[24],试验梁的基本信息情况如图6-20所示。每排设置两个剪力键,

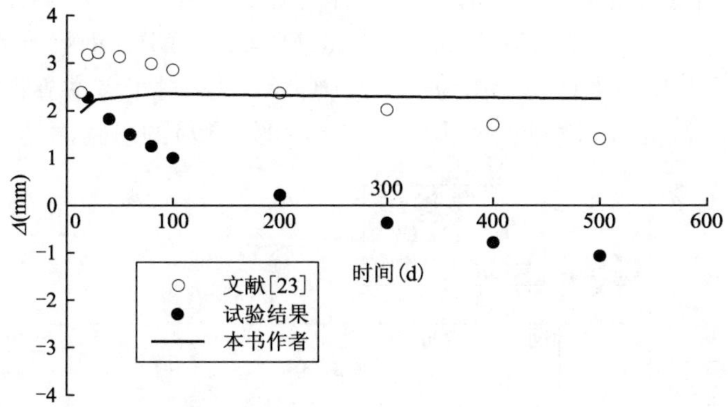

图 6-16　LT－0.5 梁跨中长期变形曲线

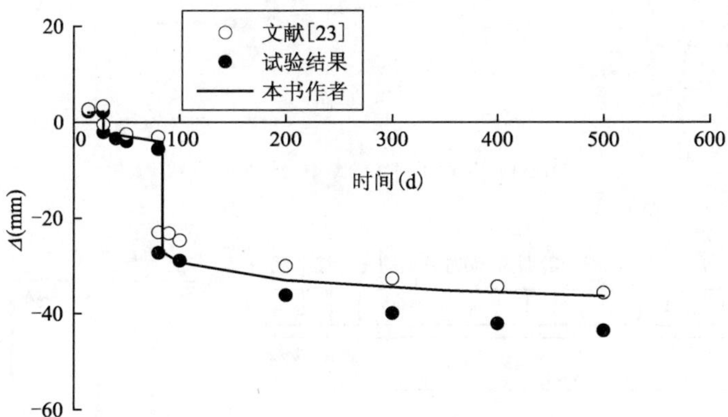

图 6-17　LT－0.5Q 梁跨中长期变形曲线

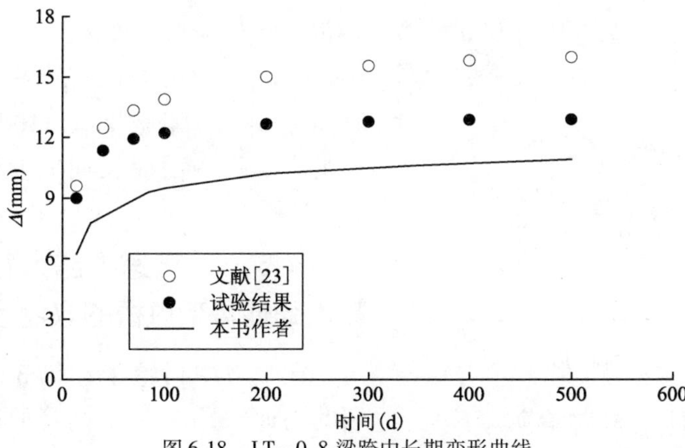

图 6-18　LT－0.8 梁跨中长期变形曲线

单个剪力键刚度为84kN/mm，沿梁纵向间距为200mm。计算参数取值为：混凝土平均抗压强度 $f_{cm}=20.5\text{MPa}$，弹性模量 $E_c=27.3\text{GPa}$；钢梁弹性模量 $E_s=200\text{GPa}$，混凝土和钢梁材料均作为理想线弹性考虑。对于考虑界面滑移的钢—混组合梁的有限元模型按照本书第3.3.4节(图3-19)的思路建立。

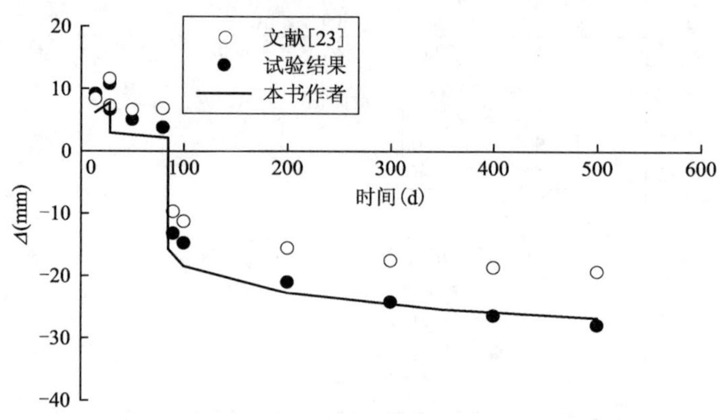

图6-19　LT－0.8Q梁跨中长期变形曲线

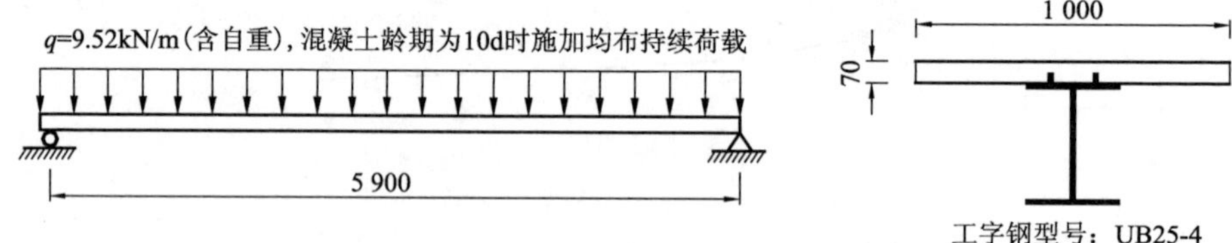

图6-20　钢—混凝土组合简支梁(尺寸单位:mm)

收缩徐变模型采用CEB90模型，收缩徐变模型的参数选择如下：环境湿度 $H=55\%$；$h=69.75\text{mm}$，$\beta_{sc}=5$；收缩开始时间 $t_s=4\text{d}$，加载龄期 $t_0=10\text{d}$。钢—混凝土组合梁跨中截面长期挠度计算结果如图6-21所示。

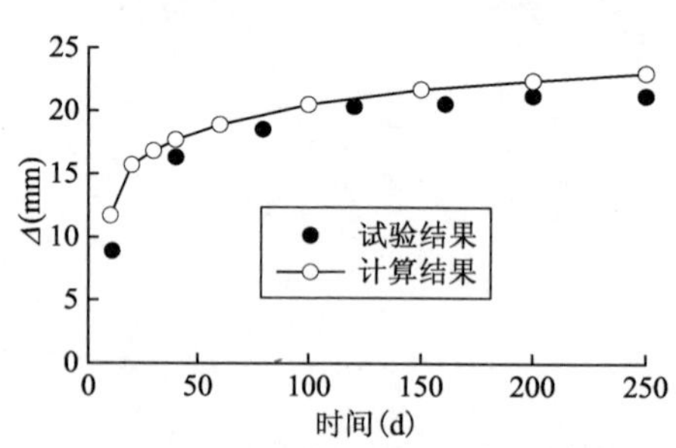

图6-21　钢—混凝土组合简支梁跨中长期变形曲线

6.5.5　高速铁路大跨度钢管混凝土劲性骨架拱桥的收缩徐变[25]

在本节中讨论了在第3.3.3节中介绍的高速铁路大跨度钢管混凝土劲性骨架拱桥的收缩徐变行为。对于采用劲性骨架施工的钢筋混凝土拱桥,由收缩徐变产生的长期效应十分复杂。首先,收缩徐变效应将导致钢管、管内混凝土以及外包混凝土之间发生显著的应力重分布现象。同时,在外包混凝土中配有大量普通钢筋,这些钢筋与混凝土也存在应力重分配现象。在基于经典线性梁单元的分析中,钢筋对收缩徐变的影响一般难以全面考虑,在随后的计算分析中,将分别讨论考虑普通钢筋和不考虑普通钢筋对该桥长期时变行为的影响。其次,拱圈分步骤浇筑形成,同一截面不同位置处混凝土的龄期不尽相同,其时变行为也存在差异。同时,管内混凝土和外包混凝土的时变特性也有很大不同。管内混凝土处于密闭状态,干燥徐变和收缩较小,一般只需考虑基本徐变。相反,外包混凝土完全暴露在大气中,在时变分析中,收缩、干燥徐变以及基本徐变均应予以考虑。在随后的计算中,将介绍分别采用CEB90 模型和 GL2000 模型的计算结果。表 6-11 给出了用这两种模型计算 C60 混凝土收缩徐变的基本参数取值。图 6-22 给出了 28d 加载时用两种模型计算的内填混凝土和外包混凝土徐变系数。由图可见,由于与外界无湿度交换,内填混凝土徐变系数终极值小于外包混凝土;同时可以发现,用 GL2000 模型计算的徐变系数大于用 CEB90 模型计算的徐变系数。图 6-23 给出了外包混凝土两种模型的收缩应变,由于内填混凝土几乎无水分散失以及膨胀剂的影响,其收缩效应相对于外包混凝土可忽略不计。由图可见,GL2000 模型给出的收缩应变大于CEB90 模型给出的结果。

收缩徐变模型参数取值　　表 6-11

模　型	f_{cm}(MPa)	环境湿度 H(%)		首次加载龄期(d)	收缩开始时间(d)	水 泥 种 类
		管内混凝土	外包混凝土			
CEB90	56.0	95.60	82.40	5	3	快干普通水泥
GL2000	57.8	95.60	82.40	5	3	快干普通水泥

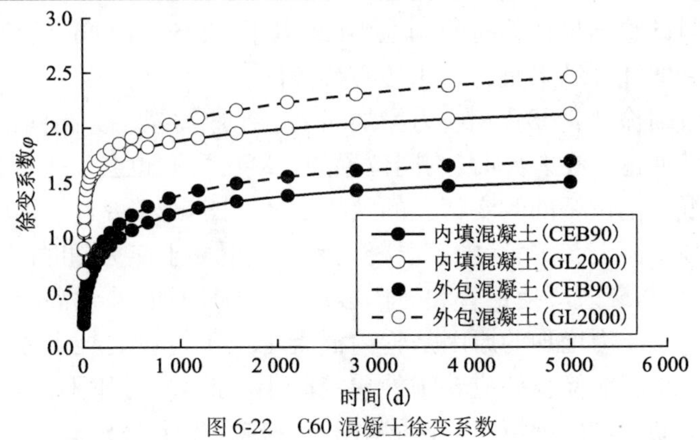

图 6-22　C60 混凝土徐变系数

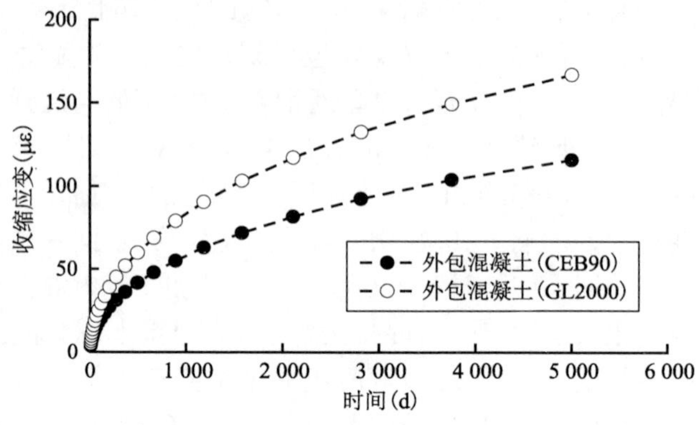

图 6-23　C60 混凝土收缩应变

对于高速铁路大跨度钢筋混凝土拱桥,由混凝土收缩徐变引起的结构长期变形对轨道的平顺性会产生不利影响。因此,合理地预测结构成桥后的长期变形量对于后期轨道调整量的确定尤为重要。图 6-24 给出了两种收缩徐变模型成桥后相对于成桥阶段拱顶竖向位移的计算结果。在图 6-24 中,除了考虑两种不同收缩徐变计算模型外,同时还探讨了普通钢筋对结构长期变形的影响。由图可见,采用 GL2000 模型计算结果大于采用 CEB90 模型计算结果。成桥后前期变形发展较快,前 5 年变形占前 10 年总变形的 70% 左右。普通钢筋对混凝土的长期收缩徐变效应有明显的抑制作用,相比不计入普通钢筋的情况,长期变形计算结果减小 15% 左右。从图 6-24 中还可以发现,成桥 10 年后跨中截面还有继续发生向下变形的趋势,将 GL2000 不计普通钢筋模型的计算时间延长至 30 年,计算结果如图 6-25 所示。成桥 10 年后的相对变形约为成桥 30 年后的 65% 。但是,目前的混凝土收缩徐变模型都是基于试验的基础上拟合得到的,而绝大部分材料试验结果持续时间均在 10 年以下,在 30 年的时间跨度范围内由这些模型得到的计算结果是否适用还有待考证。

混凝土收缩徐变将导致钢应力增加而混凝土应力减小。当同一截面不同位置混凝土的龄期也存在差异时,不同位置的混凝土之间也会发生应力重分布,这是劲性骨架混凝土拱桥的时变特性的独特之处。图 6-26 给出了采用 GL2000 模型成桥后拱顶截面上弦钢管、内填混凝土和外包混凝土应力随时间变化的趋势。结果表明,收缩徐变效应使钢管和管内混凝土应力增加,外包混凝土应力减小。其中管内混凝土应力增加的原因是管内混凝土先于外包混凝土施工,导致相同阶段管内混凝土收缩徐变效应弱于外包混凝土。此外,对比不计普通钢筋影响和计入普通钢筋影响两种情况,普通钢筋能一定程度上分担截面应力,使钢管、内填混凝土和外包混凝土应力减小。

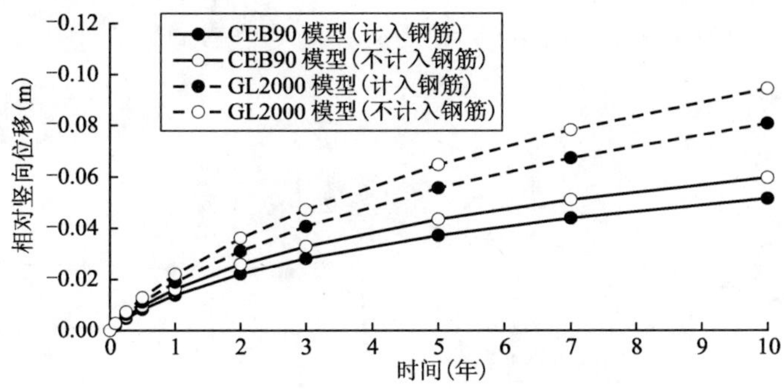

图 6-24 成桥后相对于成桥阶段拱顶相对竖向位移

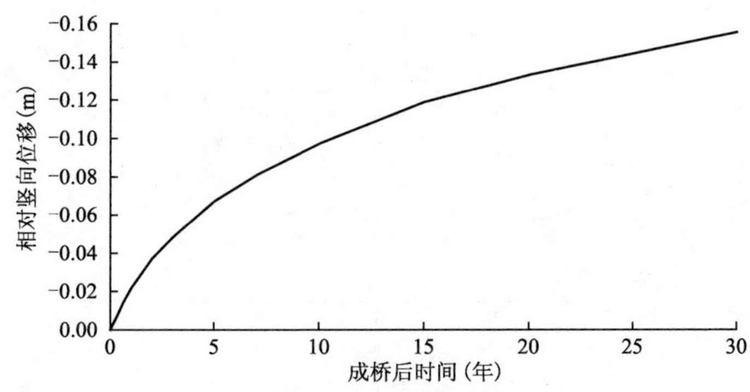

图 6-25 成桥至成桥后 30 年拱顶相对竖向位移

6.5.6 钢—混组合连续梁[26]

1992 年,Gilbert 和 Bradford 通过理论研究和实验验证,对两跨钢—混凝土连续组合梁 B1 和 B2 长期荷载作用下收缩徐变效应进行了研究[27]。本书在综合考虑界面滑移和混凝土开裂的作用下,对组合梁 B1 和 B2 的收缩徐变行为进行了分析研究。

连续组合梁 B1 和 B2 构造尺寸如图 6-27 所示,其中距离混凝土板顶 15mm 位置处布置了截面积为 1 130mm^{2}的普通钢筋。钢材采用理想弹塑性模型,弹性模量取 E_s = 200GPa,屈服强度为 280MPa;混凝土受压采用 Hongnestad 建议的应力—应变曲线,平均抗压强度取值 28MPa,ε_0 = 0.002,ε_{cu} = 0.003 8;混凝土受拉处理为弹脆性材料,抗拉强度取值 3.0MPa。收缩徐变采用 CEB90 模型,其中:

环境湿度 $H=50\%$，$\beta_{sc}=5$，加载龄期为 10d，收缩开始时间为 5d，收缩徐变计算时间为 340d；剪力键每排布置一个，刚度取 24kN/mm，间距 200mm；组合梁 B1 只考虑自重作用，取值 1.92kN/m，B2 除自重外还承受竖直向下大小为 4.75kN/m 的均布荷载作用。

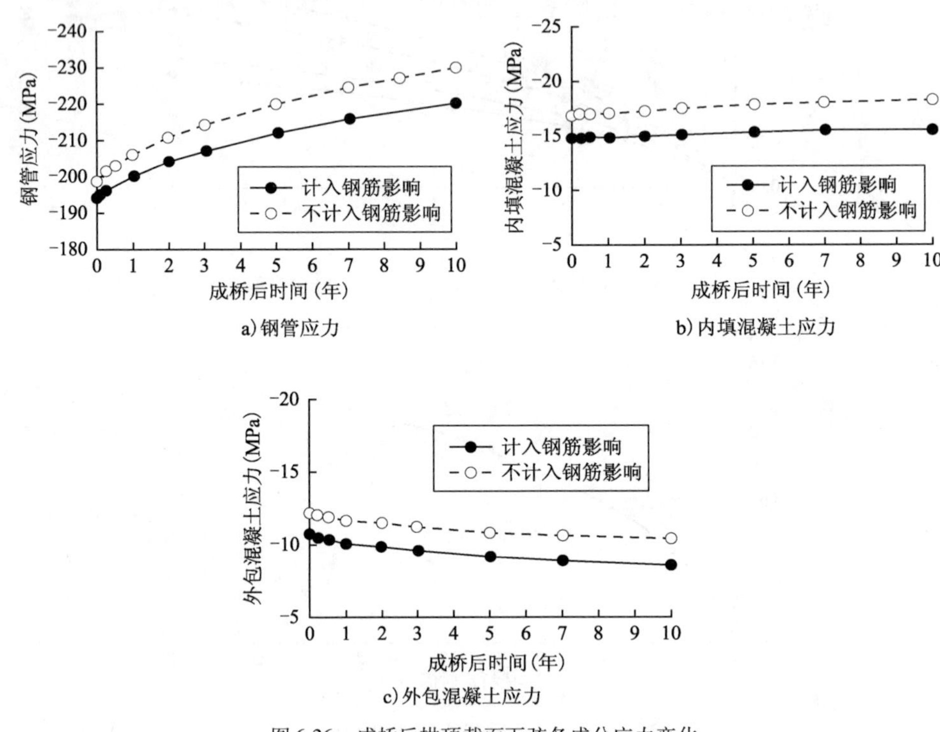

图 6-26　成桥后拱顶截面下弦各成分应力变化

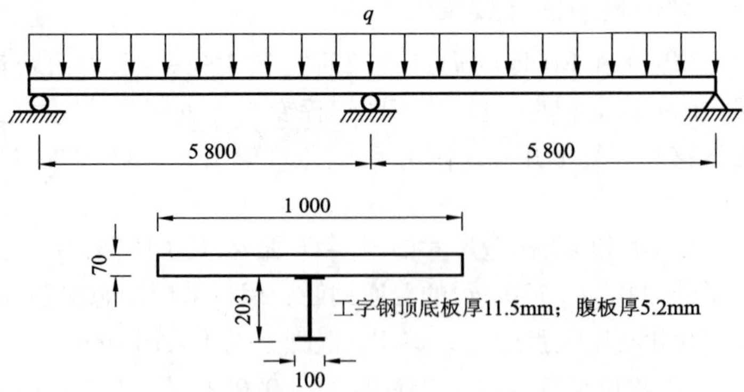

图 6-27　连续钢—混凝土组合梁 B1 和 B2 几何尺寸(尺寸单位：mm)

梁 B1 和梁 B2 在长期荷载作用下的跨中挠度分别如图 6-28 和图 6-29 所示，从图中可以看出，利用退化梁单元程序计算结果和实验结果吻合良好；同时可以看到收缩徐变效应对连续组合梁的变形会产生很大影响，随着时间的推移，组合梁的挠度有增大的趋势。

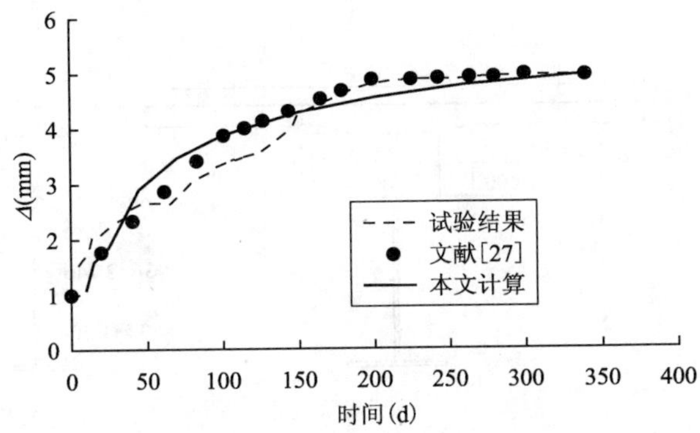

图 6-28 梁 B1 跨中长期变形结果

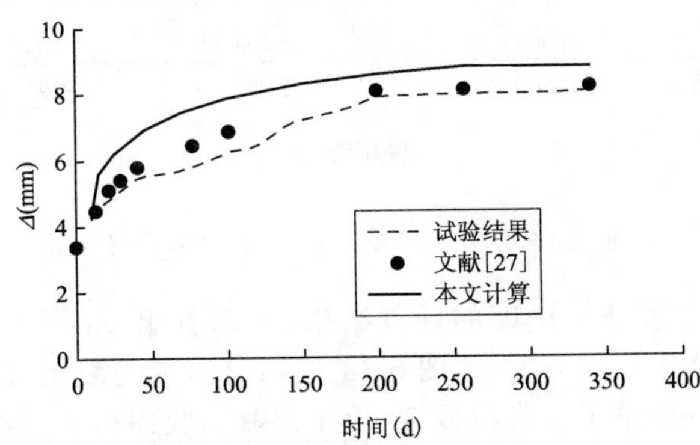

图 6-29 梁 B2 跨中长期变形结果

6.5.7 三跨钢—混凝土组合连续梁[26]

本算例分析了 28m + 40m + 28m 三跨钢—混凝土连续组合梁的结构长期行为。组合梁的主要构造尺寸及剪力连接键布置如图 6-30 所示。钢材弹性模量取 2.1×10^5 MPa，屈服强度为 210MPa；混凝土采用 C40 混凝土，弹性模量 3.25×10^4 MPa，混凝土抗压强度平均值取 40MPa（$f_{cm}=0.8f_{cu,k}+8$），抗拉强度取 1.65MPa；混凝土板中配置普通钢筋，钢筋弹性模量为 2.1×10^5 MPa，屈服强度

200MPa;纵向配筋率为3%,分为上下两层,其中上层布置钢筋总量的2/3,下层布置钢筋总量的1/3。收缩徐变模型采用MC90模型,环境湿度取70%,加载龄期为28d,混凝土收缩开始时间3d,收缩徐变计算到1 500d。剪力键刚度为1.875×10^{6}kN/m。结构承受竖直向下大小为180kN/m的均布荷载作用。

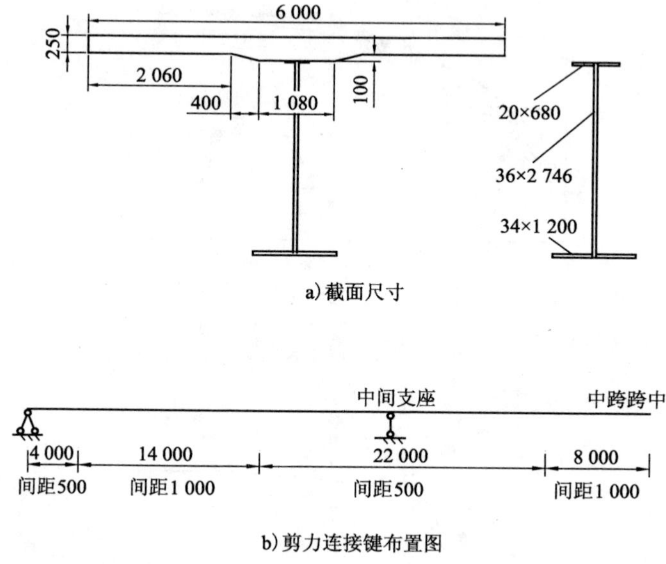

a)截面尺寸

b)剪力连接键布置图

图6-30　组合梁截面尺寸及剪力键布置图(尺寸单位:mm)

图6-31给出了结构挠度的计算结果,可以看出,混凝土收缩徐变明显增大了结构的挠度。图6-32和图6-33分别给出了混凝土板顶面应力和钢梁底面应力的分析结果。可以发现,由于混凝土收缩徐变,导致钢梁与混凝土板之间产生应力重分配,钢梁的应力增加而混凝土的应力降低。图6-34给出了中跨跨中断面混凝土板顶面应力随时间变化曲线。可以看出,在收缩徐变早期,徐变是混凝土板应力发生变化的主要因素,当时间超过500d后,由徐变引起的应力变化基本保持恒定,此时,引起应力变化的主要因素是混凝土的收缩。图6-35给出了边支点断面混凝土板与钢梁之间滑移随时间变化曲线。可以看出,由于混凝土的收缩徐变,界面滑移也表现出明显的时变性,并表现为先减小后增大的趋势。同时,还可以看出,混凝土收缩是引起界面滑移时变性的主要原因。

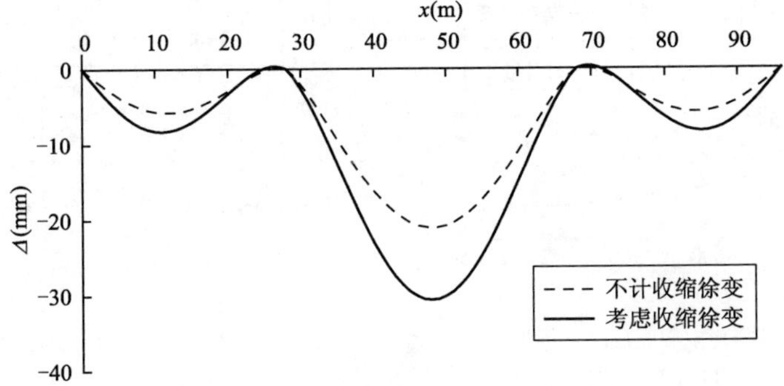

图 6-31 全桥挠度图

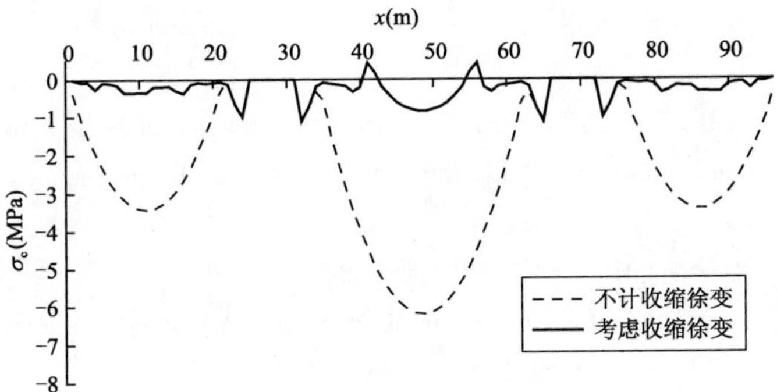

图 6-32 混凝土板顶面应力

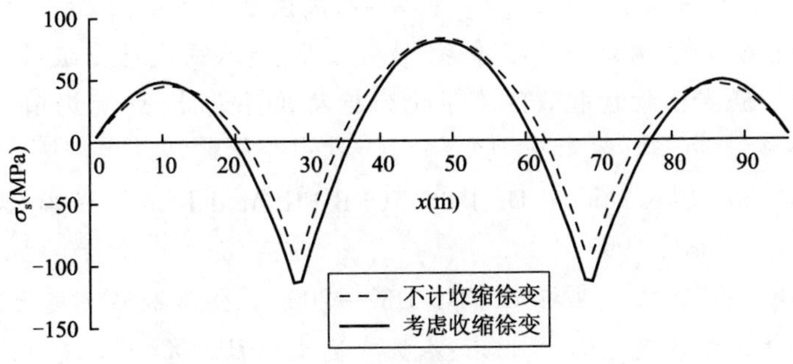

图 6-33 钢梁底面应力

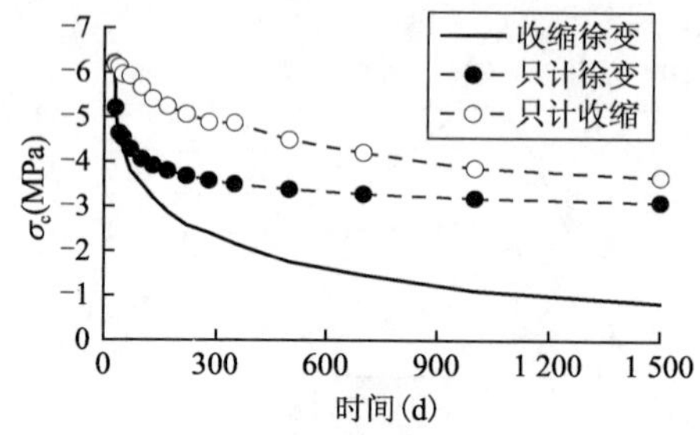

图 6-34　中跨跨中截面混凝土板顶面应力随时间变化图

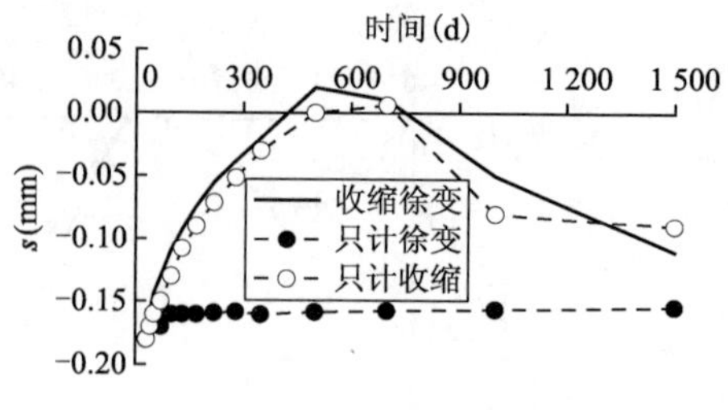

图 6-35　边支点处界面滑移随时间变化图

本章参考文献

[1] C Burgoyne, R Scantlebury. Why did Palau bridge collapse? [J]. The Structural Engineer, 2006, (6): 30-37.

[2] N P Edwards, D P Billington. FE analysis of tucker high school roof using nonlinear geometry and creep[J]. Journal of Structural Engineering. ASCE, 1998, 124(9): 984-990.

[3] 周履. 收缩徐变[M]. 北京:中国铁道出版社,1994.

[4] Z P Bazant. Mathematical modeling of creep and shrinkage of concrete[M]. New York John Wiley and Sons Ltd. , 1988.

[5] 中华人民共和国行业标准. JTJ 023—1985　公路钢筋混凝土及预应力混凝土桥涵设计规范[S]. 北京:人民交通出版社,1985.

[6] 中华人民共和国行业标准. TB 10002. 3—2005　铁路桥涵钢筋混凝土和预应力混凝土结构设计规范[S]. 北京:人民铁道出版社,2005.

[7] 肖汝诚. 桥梁结构分析及程序系统[M]. 北京:人民交通出版社,2002.

[8] 童育强. 混凝土结构非线性有限元分析及软件设计[D]. 成都:西南交通大学,2004.

[9] Comite Euro-International Du Beton. CEB-FIP Model Code 1990[M]. London: Thomas Telford, 1993.

[10] 中华人民共和国行业标准. JTG D62—2004　公路钢筋混凝土及预应力混凝土桥涵设计规范[S]. 北京:人民交通出版社,2004.

[11] ACI Committee 209. Guide for modeling and calculating shrinkage and creep in hardened concrete[M]. New York: American Concrete Institute, 2008.

[12] N J Gardner, M J Lockman. Design provisions for drying shrinkage and creep of normal-strength concrete [J]. ACI Material Journal, 2001, 98(2): 159-167.

[13] Z P Bazant, L Panula. Practical Prediction of Time-Dependent Deformations of Concrete. Part I: Shrinkage. Part II: Creep [J]. Materials and Structures, 1978, 11(65): 307-328.

[14] Z P Bazant, J K Kim, and et al. Improved Prediction Model for Time-Dependent Deformations of Concrete[J]. Materials and Structures, 1991, 24(143).

[15] Z P Bazant, S Baweja. Creep and Shrinkage Prediction Model for Analysis and Design of Concrete Structures: Model B3, The Adam Neville Symposium: Creep and Shrinkage-Structural Design Effects, ACI SP-194, A. Al-Manaseer, ed. [R]. American Concrete Institute, Farmington Hills, MI, 2000, pp. 1-83.

[16] Z P Bazant, and G H Li. Unbiased statistical comparison of creep and shrinkage prediction models[J]. ACI Materials Journal, 2008, 105(6): 610-621.

[17] Z P Bazant, S Baweja. Justification and refinement of Model B3 for concrete creep and shrinkage—I. Statistics and sensitivity[J]. Materials and Structures, 1995, 28(181), 415-430.

[18] G C Fabourakis, Y Ballim. Predicting creep deformation of concrete: a comparison of results from different investigation[C]. Samtorini: Proceedings of the 11th FIG Symposium on Deformation Measurements, 2003.

[19] N J Gardner. Comparison of prediction provisions for drying shrinkage and creep of normal strength concretes[J]. Canadian Journal for Civil Engineering, 2004, 31(5): 767-775.

[20] Z P Bazant. Materials models for structural creep analysis[C]. Fourth RILEM International Conference on Creep and Shrinkage of Concrete, 1986.

[21] Z P Bazant. Prediction of concrete creep effects using age-adjusted effective modulus method[J]. ACI J., 1972, 69: 212-217.

[22] B Espion. Benchmark examples for creep and shrinkage analysis computer program[C]. Proceeding of the Fifth International RILEM Symposium, 1993, 877-888.

[23] R A Vonk, J G Rots. Simulation of time-dependent behaviors of concrete beam with DIANA[C]. Proceeding of the Fifth International RILEM Symposium, 1993.

[24] M A Bradford, I R Gilbert. Time-dependent behavior of simply-supported steel-concrete composite beams[J]. Magazine of Concrete Research, 1991, 157(43): 265-274.

[25] 江科. 特大跨度钢管混凝土劲性骨架拱桥收缩徐变响应分析[D]. 成都:西南交通大学,2012.

[26] 赵刚云. 钢—混凝土组合梁非线性力学性能分析[D]. 成都:西南交通大学,2012.

[27] I R Gilbert, M A Bradford. Time-dependent behavior of continuous composite beams at service loads[D]. Sydney: University of New South Wales, 1992.